Der

Wärmeaustausch

im festen Erdboden,

in Gewässern und in der Atmosphäre

von

Dr. Johannes Schubert,

Professor an der Königlichen Forstakademie Eberswalde.

Mit 9 Tafeln.

Berlin.

Verlag von Julius Springer.

1904.

ISBN-13:978-3-642-90380-9 e-ISBN-13:978-3-642-92237-4
DOI: 10.1007/978-3-642-92237-4

Inhalt.

I. Einleitung.

Bei allen Vorgängen der Körperwelt bleiben zwei Größen unverändert: die Menge der Materie und die der Energie. Wir verstehen unter Energie eines Körpers oder Systems die Fähigkeit des Körpers oder Systems Arbeit zu leisten, seinen Arbeitsvorrat, gleichviel ob die Energie als mechanische, elektrische, chemische oder als Wärme auftritt. Energie kann weder entstehen noch vergehen, aber sie wechselt dauernd Sitz und Form, und es ist ein Hauptproblem der Meteorologie die Umwandlungen der Energie an der Erdoberfläche und in der Atmosphäre nach Art und Maß zu verfolgen. Schon im Jahre 1892 hat W. von Bezold[1]) auf die Wichtigkeit dieser Aufgabe hingewiesen und die theoretischen Grundlagen für ihre Behandlung erörtert. In mehreren Vorträgen auf der Naturforscherversammlung zu Hamburg[2]) und im Berliner Zweigverein der Deutschen Meteorologischen Gesellschaft habe ich versucht eine Übersicht über den periodischen Verlauf der in Form von Wärme in Boden, Luft und Wasser aufgespeicherten Energiemengen zu geben und lege hiermit eine zusammenfassende Darstellung dieses Gegenstandes vor.

Die Quelle der Energie ist die Sonne und ihre Träger sind die Sonnenstrahlen. Treffen diese die Erdoberfläche, so bewirken sie eine Erwärmung, die sich nach unten in das Innere und nach oben an die Luft mitteilt. Umgekehrt gibt die Erdoberfläche durch Ausstrahlung Wärme ab und bestreitet den Verlust aus Erde, Wasser und Luft. Wie in den tieferen Wasserschichten werden auch in der Luft, besonders an Wolkenoberflächen, direkt durch Ein- und Ausstrahlung Änderungen des Wärmezustandes hervorgerufen. Ein Teil der zugeführten Wärme wird zur Verdunstung von Wasser verbraucht und übt umgekehrt bei der Kondensation eine erwärmende oder die Abkühlung verzögernde Wirkung aus. Wir stellen nun die Frage, wie groß sind die täglich oder jährlich umgesetzten Wärmemengen und wie gestaltet sich der periodische Verlauf?

---

[1]) Der Wärmeaustausch an der Erdoberfläche und in der Atmosphäre. Sitzungsber. d. Akad. d. Wissensch. zu Berlin 1892. S. 1139.

[2]) Verhandlungen. 1901. Zweiter Teil. I. Leipzig 1902. S. 213. — Physik. Ztschr. 3. Jg. S. 117. — Vgl. Naturw. Rundschau XVI u. Meteorol. Ztschr. 1902. S. 382.

II. Der tägliche Gang der Temperatur und des Wärmegehaltes im Erdboden.

Wir beginnen mit der Darstellung des täglichen Verlaufes der Bodentemperatur nach den 1888 in Pawlowsk bei St. Petersburg angestellten, von E. Leyst[1]) bearbeiteten Beobachtungen. Der Boden war unbedeckt und besteht aus reinem, gelbem, feinkörnigem Quarzsand. Der August ist ausgewählt, weil in diesem Monat die Störung des täglichen Ganges durch den jährlichen wenig merklich ist. Die tiefsten und höchsten Werte sind in Tab. 1 durch starken Druck hervorgehoben. Man erkennt leicht die Verzögerung und Abschwächung, die der tägliche Gang nach der Tiefe hin erleidet: Minima und Maxima treten in den tieferen Schichten später auf als in den oberen, und ihre Differenz, die tägliche Temperaturschwankung, wird nach unten hin immer kleiner. Temperaturen unter 12,5 und über 20^0 kommen in 5 cm Tiefe während kürzerer Zeiten als oben und weiter nach unten garnicht mehr vor. Infolge der Verzögerung nach der Tiefe hin ist es etwa 0,5 m unter der Oberfläche in der Nacht am wärmsten und Mittags am kältesten. Die bedeutendsten Temperaturschwankungen hat der Juni, die geringsten der Dezember aufzuweisen; sie betrugen nämlich

	0	2	5	10	20	40 cm tief
im Juni	22,7	15,5	10,3	7,3	3,7	0,9^0,
„ Dezember	1,1	0,8	0,4	0,3	0,2	0,1^0.

Wie jede periodische Änderung kann man sich auch den täglichen Temperaturgang einer Schicht aus mehreren Schwingungen von abnehmender Größe und Dauer, nämlich aus ganz-, halb-, dritteltägigen usw. zusammengesetzt denken. Es läßt sich zeigen, daß nach der Tiefe hin die kürzeren Schwingungen verhältnismäßig mehr abgeschwächt werden als die längeren. Unter Benutzung der von Helmholtz in die Akustik eingeführten Vorstellungen vergleicht Wild[2]) diese Änderung, welche die Temperatur-

[1]) Über die Bodentemperatur in Pawlowsk. Repert. für Meteorologie, red. von H. Wild. Bd. XIII. No. 7. St. Petersburg 1890.

[2]) Über die Bodentemperaturen in St. Petersburg und Nukuß. Repert. für Meteorologie. Bd. VI. No. 4. St. Petersburg 1878. S. 18.

schwingungen nach der Tiefe hin erleiden, mit jener von Tönen, deren Klangfarbe durch Zurücktreten der Obertöne gegen den Grundton reiner wird.

Tabelle 1.

Bodentemperatur zu Pawlowsk.

Seehöhe 40 m. August 1888. 30° 29′ ö. v. G. 59° 41′ N.

C°.

Tiefe cm	Vormittag 1	3	5	7	9	11	Nachmittag 1	3	5	7	9	11
0	10,7	**10,2**	10,3	14,6	19,8	25,0	**26,9**	24,7	20,7	16,0	13,1	11,6
	↑↑	↑↑	↑	↓↓	↓↓	↓↓↓	↓↓↓	↓↓	↑	↑↑	↑↑	↑↑
2	11,6	11,1	**11,0**	13,5	18,3	22,9	**24,6**	23,7	21,0	17,1	14,3	12,7
	↑↑	↑	↑	↓	↓↓	↓↓↓	↓↓↓	↓↓↓	↓	↑	↑↑	↑↑
5	12,9	12,2	**11,8**	12,9	16,0	19,2	21,0	**21,3**	20,2	17,9	15,5	14,0
	↑	↑	↑		↓	↓↓	↓↓	↓	↑	↑	↑	↑
10	14,1	13,4	**12,9**	13,0	14,7	16,9	18,7	**19,6**	19,4	18,2	16,5	15,2
	↑	↑	↑	↑	↓	↓	↓	↓	↓	↓		↑
20	15,4	14,8	14,2	**13,8**	13,9	14,6	15,7	16,7	17,2	**17,3**	16,9	16,1
				↑			↓	↓	↓	↓	↓	
40	15,3	15,2	15,1	14,9	14,7	14,5	**14,5**	14,6	14,8	15,1	15,2	**15,3**

In Tabelle 1 geben die senkrechten Pfeile die Richtung an, nach welcher die Temperatur abnimmt. Dies ist zugleich die Richtung des Wärmestromes im Boden. Ferner soll durch die Anzahl der Pfeile die Stärke des vertikalen Temperaturgefälles angedeutet werden, d. h. die Abnahme der Temperatur pro Längeneinheit. Die Größe des Wärmestromes, d. h. die in der Zeiteinheit durch die horizontale Flächeneinheit hindurchgehende Wärmemenge ist nach den einfachen Gesetzen der Wärmeleitung dem Temperaturgefälle proportional und wird daher wie dieses durch die Anzahl der Pfeile gekennzeichnet. Ein Temperaturgefälle von mindestens 0,05° aber weniger als 0,2° pro Zentimeter oder ein entsprechend schwacher Wärmestrom ist durch einen kürzeren Pfeil angedeutet.

Am Tage wird durch die Sonne die Temperatur der Oberfläche erhöht; von dort strömt die Wärme nach abwärts, während umgekehrt in der Nacht Temperaturgefälle und Wärmestrom nach der erkalteten Oberfläche hin gerichtet sind. Durch senkrecht angeordnete Kreise (Nullen) sind in Tab. 1 die Stellen bezeichnet, an welchen das Temperaturgefälle durch den Wert Null hindurchgehend die Richtung wechselt und an welchen demnach keine Wärmebewegung stattfindet. Diese Null- oder Wechselstellen trennen die Gebiete aufwärts- und abwärtsströmender Wärme, die nach der Tiefe hin eine Verschiebung nach rechts, d. h. eine Verzögerung erfahren. Ebenso erleidet der Wärmestrom nach unten hin eine Abschwächung, die der Verringerung des Temperaturgefälles entspricht. Es wird die von oben her einer Schicht zuströmende Wärme nur zum Teil nach unten weiter geleitet, zum anderen Teile wird sie zur Erhöhung der Temperatur dieser Schicht verwandt. Ähnlich verhält es sich mit der von obenher stattfindenden Wärmeentziehung.

Die Null- oder Wechselstellen des Temperaturgefälles und Wärmestromes haben noch eine besondere Bedeutung namentlich an der Oberfläche. Wenn die Nacht hindurch bis 6 Uhr Morgens aus dem Boden durch die Oberfläche Wärme ausströmt, so erreicht (im August) die gesamte im Boden enthaltene Wärmemenge oder Energie ihren niedrigsten Stand um 6 Uhr Morgens. Dieser Zeitpunkt liegt in Übereinstimmung mit einem früher theoretisch abgeleiteten Satze[1]) ungefähr drei Stunden d. i. ein Achtel des Tages nach dem Eintritt des Minimums der Oberflächentemperatur, das nahezu mit Sonnenaufgang zusammenfällt. Wenn anderseits von 6 Uhr Morgens bis 4 Uhr Nachmittags Wärme in den Boden einströmt, so erreicht der Wärmegehalt des Bodens seinen höchsten Stand um 4 Uhr Nachmittags, etwa drei Stunden nach dem Maximum der Oberflächentemperatur.

Unter „Wärmegehalt des Bodens" verstehen wir die Wärmemenge, welche dem Boden zuzuführen ist, um ihn von gegebener Anfangstemperatur (t_0) auf die jeweilige Temperatur (t) zu bringen. Behufs genauerer Feststellung betrachten wir eine senkrechte Säule, deren Horizontalquerschnitt gleich der Flächeneinheit ist, und die von der Oberfläche bis zu einer Tiefe H reicht, in der die Temperaturänderungen unmerklich sind. Dann ist der Wärmegehalt des Bodens pro Flächeneinheit gleich der Wärmemenge, die erfordert wird, um diese Säule von dem Anfangszustand (t_0) auf den Endzustand (t) zu bringen. Es sei nun C die Volumenkapazität d. h. die Wärmemenge, die nötig ist, um der Raumeinheit des Bodens eine Temperaturerhöhung von einem Grad zu verleihen. Dann erfordert ein Stück der Erdsäule von der Höhe dh zur Temperaturerhöhung von t_0 auf t Grad $C\,(t - t_0)\,dh$ Wärmeeinheiten. Bildet man diese Größe für alle Teile der senkrechten Säule, so ist die Summe

$$\int_0^H C\,(t - t_0)\,dh$$

der mathematische Ausdruck für den Wärmegehalt des Bodens oder die „Bodenwärme". Wählt man als Ausgangspunkt (t_0) beim täglichen Gange das Tagesmittel, so ist der eben gefundene Ausdruck für den Wärmegehalt von der Tiefe H unabhängig, falls diese nur so groß genommen wird, daß dort die täglichen Temperaturschwankungen verschwinden.

[1]) J. Schubert, Der jährliche Gang der Luft- und Bodentemperatur und der Wärmeaustausch im Erdboden. Berlin 1900. S. 50.

—, Zur Theorie der Wärmeleitung im Erdboden. Physik. Z. 1. Jhrg. S. 442. Leipzig 1900. — Meteorol. Z. 1901, S. 377.

Der Unterschied zwischen dem täglichen Minimum und Maximum des Wärmegehaltes ergibt den täglichen Wärmeaustausch oder -Umsatz. Er ist gleich der gesamten tagüber in den Boden hinein- oder Nachts ausströmenden Wärme, vorausgesetzt, daß nur Temperaturänderungen in Frage kommen. Die bei der Änderung des Aggregatzustandes des im Boden befindlichen Wassers umgesetzten Wärmemengen bleiben hierbei unberücksichtigt.

Als Beispiel diene der tägliche Gang des Wärmegehaltes in dem mit Gras bedeckten, oben humosen Sandboden zu Eberswalde für die Zeit vom 16. bis 30. Juni 1879. In Tabelle 2 sind die Abweichungen des Wärmegehaltes vom Tagesdurchschnitt und darunter die ein- und ausströmenden Wärmemengen für je zwei Stunden angegeben. Die Einheiten sind hier wie im folgenden kleine oder Grammkalorien pro Quadratzentimeter.

Tabelle 2.

Wärmegehalt des Erdbodens.

Seehöhe 42 m. Eberswalde, Juni 1879. 13° 50′ ö. v. G. 52° 50′ N.

Abweichung vom Tagesmittel und Änderung cal/cm².

Vormittag						Nachmittag						
12	2	4	6	8	10	12	2	4	6	8	10	12
— 7,2	— 18,6	— 25,6	**— 28,5**	— 25,4	— 5,9	10,8	26,8	**32,8**	23,8	13,5	3,5	— 7,2
— 11,4	— 7,0	— 2,9	3,1	**19,5**	16,7	16,0	6,0	— 9,0	— 10,3	— 10,0	— 10,7	

Der Wärmegehalt des Bodens hat nach diesen zweistündlichen Werten um 6 Uhr Morgens seinen tiefsten, um 4 Uhr Nachmittags den höchsten Stand. Der tägliche Wärmeumsatz beträgt 62 cal/cm². Die größte Wärmezufuhr findet Vormittags von 8 bis 10, die größte Abgabe Nachts von 12 bis 2 Uhr statt.

Der Waldboden zeigt mäßigere Temperaturschwankungen und einen entsprechend geringeren Wärmeaustausch als freies Land. Die Beobachtungen im Kiefernwalde, im sandigen, oben humosen, unten lehmigen Boden zu Eberswalde ergaben für den vorhin genannten 15tägigen Zeitraum Temperaturschwankungen von etwa halber Größe wie im Freien, während der tägliche Wärmeumsatz 24 cal/cm² d. h. 39% von dem im Freien betrug. Weiteres, insbesondere eine graphische Darstellung des täglichen Ganges für den Wärmegehalt im freien und bewaldeten Boden findet sich in meiner schon erwähnten Schrift[1]).

Den Einfluß der Bodenbeschaffenheit auf den täglichen Gang der Temperatur und des Wärmegehaltes im Boden zeigen Beobachtungen, die von Th. Homén im südlichen Finnland in der Nähe des Lojosees im August

[1]) Luft- und Bodentemperatur im Freien und in Waldungen und Wärmeaustausch im Erdboden. Berlin 1900. S. 47.

1893 angestellt wurden. In der Zeit vom 10. bis 13. August, für welche die mittleren Temperaturschwankungen in Tabelle 3 angegeben sind, herrschte namentlich Nachts klare Witterung.

Tabelle 3.

Tägliche Temperaturschwankung C°.

Finnland. 10.—13. August 1893.

Tiefe	Granit	Sand	Moor
Auf dem Boden	20	31	31
2 cm	16,1	19,3	9,6
5 „	13,8	11,8	2,8
10 „	11,7	7,8	1,5
20 „	7,9	3,9	0,4
40 „	3,4	0,7	0,05

Der Sandboden hat oben stärkere, unten schwächere Temperaturschwankungen als der Granitfelsen. Die Abnahme der Schwankungen nach der Tiefe hin geht im Moorboden weitaus am schnellsten vor sich.

In Tabelle 4 und Tafel 1 ist der tägliche Gang der Bodenwärme im Durchschnitt der Tage vom 10. bis 17. August mitgeteilt, den ich aus den erwähnten Beobachtungen unter möglichster Beseitigung der jährlichen und unperiodischen Änderungen abgeleitet habe.

Tabelle 4.

Wärmegehalt des Erdbodens.

Seehöhe 50—80 m. Finnland, 10.—17. August 1893. 23° 40′ ö. v. G. 60° 17′ N.

Abweichung vom Tagesmittel cal/cm².

Bodenart	Vormittag						Nachmittag					
	2	4	6	8	10	12	2	4	6	8	10	12
Granit . .	— 25	— 45	**— 61**	— 61	— 34	3	36	57	**64**	45	23	0
Sand . .	— 19	— 31	**— 35**	— 24	— 6	14	**31**	30	30	16	4	— 9
Moor . .	— 8	— 15	**— 16**	— 10	— 2	5	11	**13**	12	9	3	— 3

Die tägliche periodische Wärmeschwankung oder der Wärmeaustausch beträgt im Granitfelsen 128, im Sandboden 67 und im Moor 31 cal/cm², im Granit also doppelt, im Moor nur halb soviel als im Sandboden. Es ist bemerkenswert, daß die Wärmekapazität pro Volumen beim Moorboden größer ist als beim Sand und Granit und der des Wassers nahe kommt. Trotzdem ist der Wärmeumsatz im Moor so gering, weil die Temperaturschwankungen infolge des zur Verdunstung an der Oberfläche erforderten Wärmeverbrauchs sowie der schlechten Wärmeleitung sehr abgeschwächt in die Tiefe dringen. Für die nachfolgende Zusammenstellung in Tabelle 5 sind auch die Beobachtungen verwandt, die Th. Homén[1]) an

[1]) Bodenphysikalische und meteorologische Beobachtungen mit besonderer Berücksichtigung des Nachtfrostphänomens. Berlin 1894. — Der tägliche Wärmeumsatz im Boden und die Wärmestrahlung zwischen Himmel und Erde. Leipzig 1897. Soc. Sc. Fennicae. Helsingfors 1897.

Täglicher Gang des
Wärmegehaltes
in verschiedenen Bodenarten.
Finnland, am Lojosee. Im August.
Abweichung vom Tagesmittel.

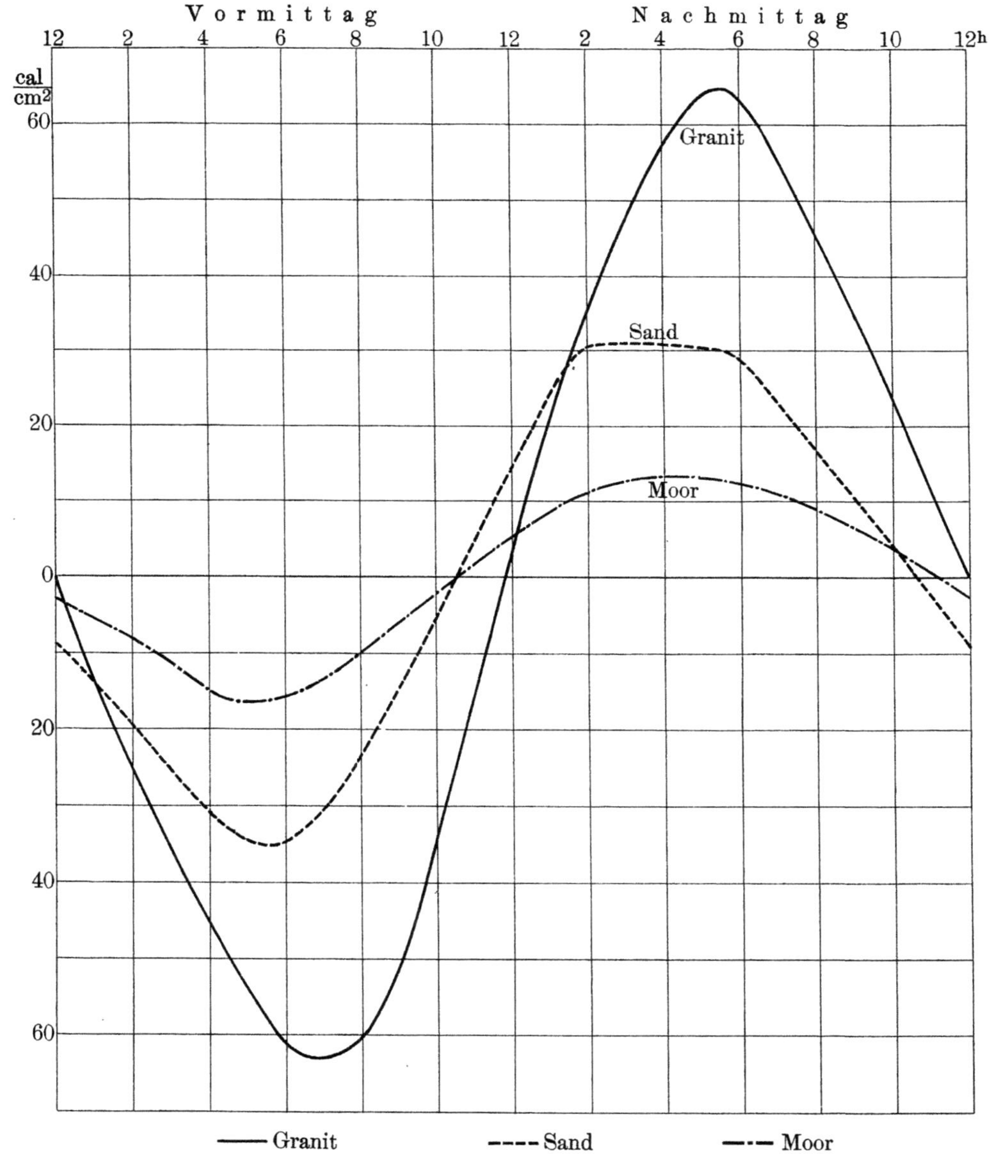

Verlag von Julius Springer in Berlin.

vier Tagen und drei Nächten im August und September 1892 und an sechs Tagen und vier Nächten im August bis Oktober 1896 angestellt hat.

In bezug auf den täglichen Wärmeumsatz im Wasser sei nur bemerkt, daß er den im festen Boden trotz geringerer Temperaturschwankungen an der Wasseroberfläche um ein Vielfaches übertrifft. Einen ungefähren Anhalt mögen die Beobachtungen geben, die ich am 9. bis 15. September 1902 in Heringsdorf 700 bis 800 m von der Küste bei einer Wassertiefe von etwa 8 m angestellt habe. Infolge der ungünstigen, vielfach trüben Witterung erscheint der Wärmeaustausch verhältnismäßig gering. Die Änderung der Temperatur von ungefähr Morgens 8 Uhr bis Nachmittags gegen 6 Uhr betrug im Durchschnitt aus drei Tagen und zwei Nächten

in 0,5 m Tiefe $0,44^0$
„ 2 „ „ $0,32^0$
„ 5 „ „ $0,30^0$

Wird die Rechnung bis zu 7 m Tiefe geführt, so ergibt sich ein täglicher Wärmeaustausch von 221 cal/cm². Hiebei ist angenommen, daß 0,97 cal erforderlich sind, um 1 ccm Ostseewasser um einen Grad zu erwärmen. Mit Rücksicht darauf, daß die tiefsten und höchsten Werte des Wärmegehaltes nicht gerade genau auf die gewählten Zeiten gefallen sein werden, scheint es angemessen, das Resultat auf etwa 230 cal/cm² abzurunden. Bis 10 m Tiefe würde die Rechnung 270 cal ergeben. —

Tabelle 5 gibt eine Übersicht über den täglichen Wärmeaustausch für verschiedene Bodenarten und Bedeckungen, sowie für die Ostsee. Die Zahlen sind teils Mittel der einzelnen Tageswerte (unperiodische Schwankung), teils aus den mittleren Tageskurven entnommen (periodische Schwankung).

Tabelle 5.

Täglicher Wärmeaustausch.

cal pro qcm.

Boden (Bedeckung)	Eberswalde Juni 79	Südl. Finnland August — Oktober			
		92	1893		96
	period.	unp.	unp.	period.	unp.
Moorwald (Fichten)		15			
Sandboden (Kiefern mit jungen Fichten), sehr schattig		21			
Sandboden, oben humos, unten lehmig (Kiefern) . . .	24				
Moorwiese (Gras und Moos)		43	33	31	33
Sandboden, oben humos (Gras)	62				
Sandboden (kärglicher Graswuchs)		80	74	67	65
Granitfelsen			128	128	134
Ostsee bei Heringsdorf bis 7 m Tiefe, Sept. 1902					230.

III. Der jährliche Wärmeaustausch im festen Erdboden und in Gewässern.

Der jährliche Gang der Temperatur in den oberen Erdschichten ist aus zahlreichen Beobachtungen bekannt. Der Verlauf der Temperatur und der Wärmebewegung ergibt ein ähnliches Bild wie beim täglichen Gange. Der Vergrößerung des Zeitmaßes entspricht eine solche des Tiefenmaßes im Verhältnis von etwa $1 : \sqrt{365} = 1 : 19$.

Als Beispiel für die jährlichen Änderungen der Bodenwärme wählen wir die von Eberswalde für die Jahre 1876—90. Der Wärmegehalt des grasbedeckten Sandbodens erreichte seinen tiefsten Stand am 21. März, seinen höchsten am 7. September. Der jährliche Wärmeaustausch, d. i. die während des Sommers durch die Oberfläche ein- oder im Winter austretende Wärmemenge, betrug 1850 cal/qcm.

Über die Unterschiede des jährlichen Temperaturganges im freien Lande und im Waldboden geben die vieljährigen Beobachtungen der 16 Doppelstationen in Nord-, Mittel- und Westdeutschland Aufschluß, über die sich näheres in meiner mehrfach angeführten Schrift über Temperatur und Wärmeaustausch findet, welcher die folgenden Angaben entnommen sind.

Tabelle 6.

Temperaturunterschied zwischen dem wärmsten und kältesten Monat C°.

Tiefe	Freies Feld	Kiefern	Fichten	Buchen
60 cm	13,6	10,9	10,9	10,5°
120 „	10,8	8,5	8,1	8,2°

Die Temperaturschwankungen im Waldboden sind also merklich geringer als im Freien, während die verschiedenen Bestandesarten keinen wesentlichen Unterschied bedingen[1]).

Der jährliche Wärmeaustausch im Boden ist nach den Beobachtungen zu Eberswalde im Kiefernbestande auf 1290 cal/qcm, d. i. auf 70% des im

[1]) Eine graphische Darstellung des Temperaturverlaufes im freien und bewaldeten Boden, sowie des Unterschiedes habe ich in der Ztschr. für Forst- und Jagdwesen, Berlin 1888, S. 15 u. 731 gegeben. Vgl. Meteorol. Ztschr. 1888, S. [69].

Freien gefundenen ermäßigt. Außerdem macht sich eine gewisse Verzögerung im jährlichen Gange bemerkbar.

Die einfachen Gesetze der Wärmeleitung sind nur als Annäherungen an die wirklichen Vorgänge in der Natur aufzufassen. Die ungleiche Beschaffenheit des Bodens, der Wechsel des Wassergehaltes, die Verdunstung und Kondensation, das Gefrieren und Auftauen des Wassers, die Schneedecke bedingen mannigfache Abweichungen von der einfachen Theorie. Diese treten besonders in der Nähe der Oberfläche auf und beeinflussen daher den täglichen Gang, der sich in Schichten von geringer Tiefe abspielt, mehr als den jährlichen.

Ziehen wir die Gewässer in den Kreis unserer Betrachtungen, so treten die Bewegung der Wassermassen und das Eindringen der Strahlen in größere Tiefen als maßgebende Ursachen gegenüber der eigentlichen Wärmeleitung in den Vordergrund. Die Oberfläche des festen Bodens erleidet unter dem Einfluß der Ein- und Ausstrahlung große Temperaturschwankungen, die aber stark abgeschwächt in die Tiefe geleitet werden. Für das Wasser ist das tiefe Eindringen der Temperaturänderungen charakteristisch, während diese an der Oberfläche verhältnismäßig gering sind.

Zum Beweise benutzen wir die 14 jährigen Mittel der Königsberger Bodentemperaturen nach der Berechnung von A. Schmidt, ferner die von A. Seligo mitgeteilten Beobachtungen, die im 57 ha großen, meist abflußlosen Hintersee bei Stuhm in Westpreußen, südlich von Marienburg, von März 1898 bis Februar 1899 etwa alle 14 Tage angestellt sind. Ferner seien die Resultate einer dänischen Station, Schultz' Grund im Kattegat für 1880 bis 87 nach dem Segelhandbuch der Seewarte für die Ostsee angeführt.

Tabelle 7.

Jährliche Temperaturschwankung C°.

Tiefe	Land	Wasser	
m	Königsberg	Hintersee	Kattegat
0	20,3	19,0	15,5
5	3,9	18,5	15,1
8	1,7	14,5	14,8
15	0,1	7,5	11,8
23	0,0	6,5	8,2
26	—	—	8,1

Einzelne Werte sind durch ergänzende Rechnung gefunden. Obgleich die Zahlen von verschiedenem Genauigkeitsgrade und nicht streng vergleichbar sind, beweisen sie doch deutlich, daß die Temperaturschwankungen im Wasser abgesehen von der obersten Schicht außerordentlich viel größer sind als im festen Boden. Das gleiche Verhalten zeigen in Tafel 2 die Linien gleichzeitiger Temperatur, von W. v. Bezold Tautochronen genannt, für Königsberg und Schultz' Grund. Es sind die Monatsmittel für März und August dargestellt.

Die Zeichnung gibt zugleich ein anschauliches Bild von den Wärmemengen, welche dem festen Boden oder dem Wasser zuzuführen sind, um die Temperatur von dem Stande im März auf den im August zu erhöhen. Diese Zunahme des Wärmegehaltes für Land und Wasser steht in geradem Verhältnis zu der von der März- und August-Kurve eingeschlossenen Fläche. Ist nämlich t_1 die März- und t_2 die August-Temperatur, dh ein Höhenabschnitt, C die Wärmekapazität pro Volumen, so ist die Zunahme des Wärmegehaltes von März bis August gleich der Summe

$$\int C\,(t_2 - t_1)\,dh$$

oder, wenn C für alle Tiefen gleich angenommen wird,

$$= C \int (t_2 - t_1)\,dh.$$

Anderseits ist die Summe

$$\int (t_2 - t_1)\,dh$$

gleich der Fläche F, die von der März- und August-Kurve eingeschlossen wird. Für den festen Boden (Sand) ist $C = 0{,}4$ bis 0,5, für Seewasser[1]) von 3 bis 2 % Salzgehalt $C = 0{,}96$ bis 0,97. Die für Wasser geltende Fläche F übertrifft die für festes Land bei weitem und dies Verhältnis wird durch Hinzutreten des Faktors C noch etwa im Maßstabe 2 : 1 vergrößert. Es mag aber hervorgehoben werden, daß der Unterschied der Wärmekapazitäten viel weniger ausschlaggebend ist als das tiefe Eindringen der Temperaturschwankungen, wie man sofort daraus erkennt, daß der jährliche Wärmeumsatz im Wasser mehr als das Zwanzigfache von dem im Lande ausmacht.

Die weiter unten folgende Zusammenstellung in Tab. 15 enthält eine Reihe teils früher, teils neu berechneter Werte für den jährlichen Wärmeumsatz in Gewässern. Benutzt sind die Temperaturangaben von Seligo für den Hintersee[2]), von Hann für den Genfer und Bodensee, wie für den Meerbusen von Fiume nach Messungen von Luksch[3]). Ferner ist nach den Angaben von Pettersson ein ungefährer Wert für die Ostsee[4]), jedoch unter Berücksichtigung des Salzgehaltes, mitgeteilt. Für die fünf Dänischen Feuerschiffstationen im Kattegat, Skagerak und auf der Westseite von Jütland sind die Temperaturmittel des Zeitraumes 1880—87 dem

---

[1]) Thoulet et Chevallier. Sur la chaleur spécifique de l'eau de mer à divers degrés de dilution et de concentration. Comptes Rendus 1889. Tome 108. S. 794. Landolt und Börnstein, Tabellen 1894. S. 335.

[2]) A. Seligo. Untersuchungen in den Stuhmer Seen. Danzig 1900.

[3]) J. Hann. Lehrbuch der Meteorologie. Leipzig 1901. S. 87 u. 86.

[4]) O. Pettersson. Über die Beziehungen zwischen hydrographischen und meteorologischen Phänomenen. Met. Z. 1896. S. 285.

Linien
Gleichzeitiger Temperaturen
im festen Lande, Königsberg,
und im Meer, Kattegat, Schultz' Grund.

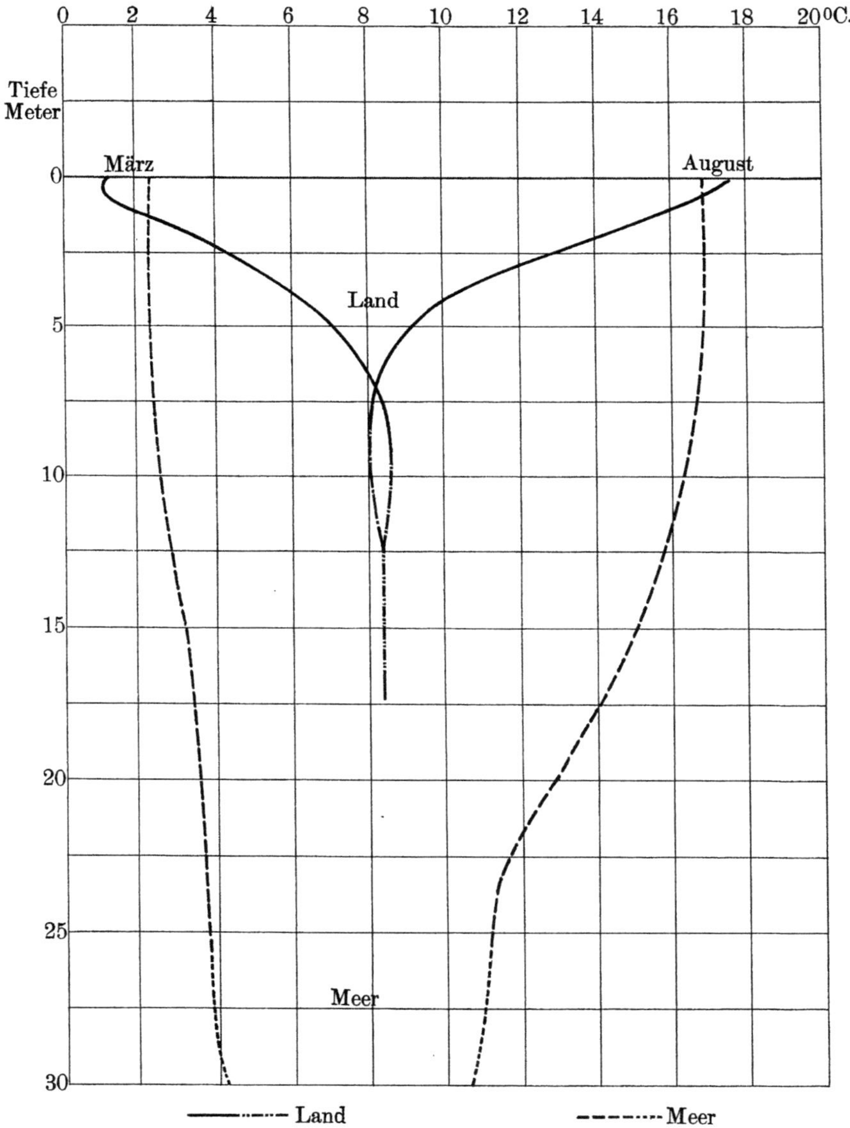

Verlag von Julius Springer in Berlin.

Segelhandbuch der Deutschen Seewarte für die Ostsee[1]) entnommen. Der für die Dänischen Stationen gefundene, auf größere Tiefe ergänzte Mittelwert erscheint besonders zuverlässig und zur Beurteilung der Bedeutung von Ost- und Nordsee für das Klima der Nachbarländer, insbesondere auch Deutschlands geeignet.

Die für die Ostsee bis 55 m Tiefe gefundene Zahl stimmt hiermit vollständig überein. Für die Station Schultz' Grund, die einen recht regelmäßigen Temperaturverlauf zeigt, ist nach den einfachen Gesetzen der Wärmeleitung ein Wert abgeleitet, der den anderen hinreichend nahe kommt. Nach dem Hauptwert für die Dänischen Stationen ist die Wärmemenge, welche das Meer im Frühling und im Sommer in seinen Tiefen aufspeichert und im Herbst und Winter wieder abgibt = 44000 cal/cm^2 Der Vergleich mit Eberswalde ergibt: Der jährliche periodische Wärmeaustausch im Meer beträgt das 24fache von dem im freien Lande und das 34fache von dem im Kiefernwalde. Beim Verhalten des Meeres ist das tiefe Eindringen der Temperaturschwankungen ausschlaggebend. Daß die Wärmekapazität pro Volumen, die beim Wasser nur etwa doppelt so groß ist als für Sandboden, weniger Bedeutung hat, ersieht man auch aus dem Vergleich von Sand und Moorboden. Wie oben bei der Besprechung der täglichen Periode erwähnt wurde, ist die Wärmekapazität der Raumeinheit beim Moor größer als beim Sandboden und kommt der des Wassers nahe. Trotzdem ist der tägliche Wärmeumsatz im Moorboden nur halb so groß wie im Sande. Auch die Verdunstung an der Wasseroberfläche und der dadurch bedingte Wärmeverbrauch verhindert nicht, daß außerdem noch eine so große Wärmemenge in das Wasser eindringt.

---

[1]) 1. Abt. 2. Aufl. Berlin 1891. S. 46. Vgl. Meteorol. Aarbog. Udgivet af det danske met. Inst. 3. Del. Nautisk- met. Iagttagelser. Kopenhagen.

IV. Die Temperaturverteilung und der Wärmeumsatz in der Atmosphäre.

Die Temperaturverteilung in der Atmosphäre stelle ich auf Grund der Ergebnisse der Berliner Luftfahrten dar, wie sie in dem von Assmann und Berson herausgegebenen Berichtswerke[1]) niedergelegt sind. Den direkten Beobachtungsergebnissen versuchte ich durch eine graphische Ausgleichung eine allgemeinere Bedeutung zu geben. Einerseits sind sie am Boden an die vieljährigen Normalmittel für Berlin[2]) angeschlossen, und nach oben hin wurden sie durch Anlehnung an die von Teisserenc de Bort für Paris gefundenen bis 10 km Höhe geltenden Temperaturen[3]) ergänzt. Die Schwierigkeiten, die der begrifflichen und tatsächlichen Bestimmung der Lufttemperatur an der oberen Grenze der Atmosphäre entgegenstehen, sind dadurch umgangen, daß die periodischen Abweichungen der einzelnen Jahreszeiten vom Mittel dort gleich Null angenommen wurden. Diese Annahme schließt sich den vorliegenden Beobachtungen ohne Zwang an. Die weiteren Rechnungen und graphischen Darstellungen für die Atmosphäre sind durchweg auf diese Abweichungen der Vierteljahrsmittel vom Jahresdurchschnitt gegründet. Die Temperaturen selbst, die in den obersten Schichten naturgemäß auf recht unsicheren Annahmen beruhen, sind nur zur Berechnung der Barometerstände verwandt und ihre Ungenauigkeit ist für die Bestimmung des Wärmegehaltes der gesamten Atmosphäre ohne Belang. Die Ermittlung der Jahres- und Vierteljahresmittel des Luftdruckes in den verschiedenen Höhen erfolgte durch staffelförmige Anwendung der barometrischen Höhenformel, wobei die Feuchtigkeit als Funktion der Temperatur in die Rechnung eingeführt worden war. Werden nun die Abweichungen der Vierteljahrstemperaturen vom Jahresmittel bei den zugehörigen Luftdruckwerten eingetragen, so ergibt sich die in Taf. 3 und Tab. 8 dargestellte Temperatur-

---

[1]) Wissenschaftliche Luftfahrten. Braunschweig 1899—1900. 3. Bd.
A. Berson, Die Lufttemperatur. S. 93—95.
W. v. Bezold, Theoretische Schlußbetrachtungen. S. 301 u. 303.

[2]) G. Schwalbe, Meteorolog. Elemente für Berlin 1848—97. Berliner Zweigverein d. Deutsch. Met. Ges. 1898. S. 20. Vgl. daselbst 1901 und Meteorol. Z. 1901. S. 473.

[3]) Über den jährlichen Gang der Temperatur in großen Höhen der freien Atmosphäre von J. Hann. Meteorol. Z. 1901. S. 28.

Temperaturverteilung

in der

Atmosphäre

(Berlin)

Abweichung vom Jahresmittel.

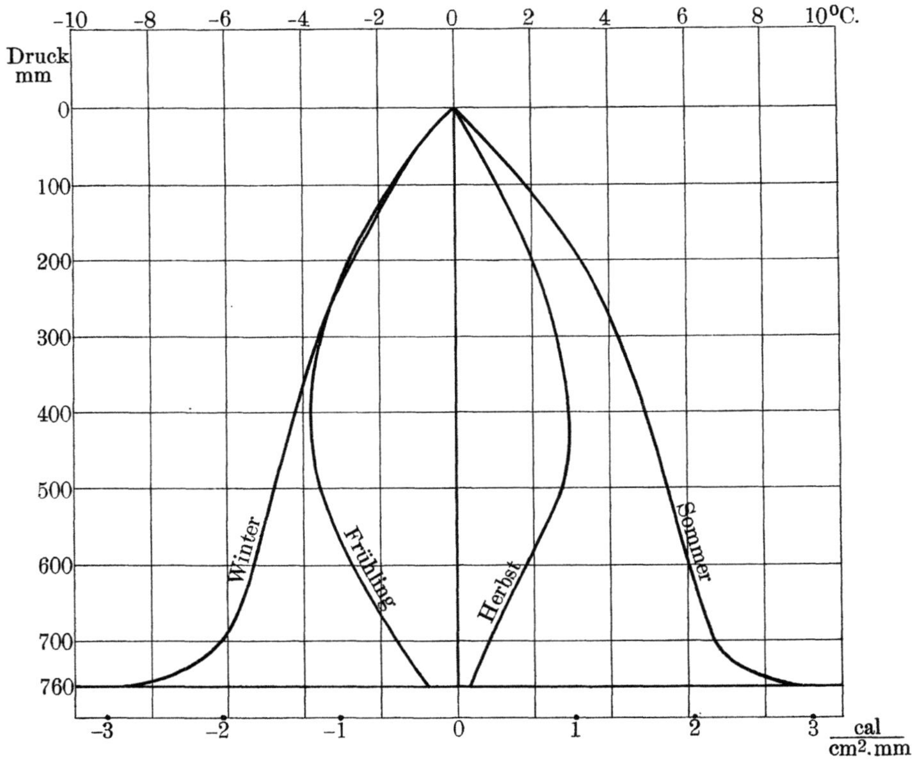

Die Flächen geben den Wärmegehalt der Luft (ohne Dampfwärme) an.

Verlag von Julius Springer in Berlin.

verteilung in der Atmosphäre nach Druckstufen. Diese Anordnung, bei der die Atmosphäre in Abschnitte gleicher Luftmengen eingeteilt wird, hat für die Berechnung der in der Luft aufgespeicherten Energie- und auch der Wassermengen besondere Vorzüge[1]).

Tabelle 8.

Temperaturverteilung in der Atmosphäre.

(Berlin, ausgeglichen.)

Luftdruck	Abweichung vom Jahresmittel C°.				Verzögerung in Monaten
mm	Winter	Frühling	Sommer	Herbst	
50	— 0,9	— 0,9	1,0	0,6	—
100	— 1,5	— 1,6	1,9	1,1	—
150	— 2,1	— 2,3	2,6	1,6	—
200	— 2,7	— 2,8	3,3	2,1	1,2
250	— 3,2	— 3,2	3,8	2,4	1,2
300	— 3,6	— 3,5	4,3	2,6	1,1
350	— 3,9	— 3,7	4,6	2,8	1,1
400	— 4,2	— 3,8	4,9	3,0	1,1
450	— 4,5	— 3,8	5,2	2,9	1,1
500	— 4,8	— 3,5	5,5	2,8	1,0
550	— 5,0	— 3,1	5,8	2,3	0,9
600	— 5,3	— 2,6	6,1	1,8	0,8
650	— 5,6	— 2,2	6,4	1,3	0,5
700	— 6,1	— 1,6	6,7	0,9	0,3
730	— 6,8	— 1,2	7,2	0,6	0,2
760	— 8,6	— 0,7	9,0	0,3	0,0

Die Kurven in Taf. 3 geben eine übersichtliche Charakteristik der einzelnen Jahreszeiten in bezug auf die Temperatur: Die größere Kälte des Winters und die hohe Sommertemperatur finden sich in zunehmendem Maße in den unteren Schichten der Atmosphäre und besonders nahe am Boden ausgeprägt. Frühling und Herbst schließen sich unten wie oben an das Jahresmittel an und haben ihre größte Abweichung in den mittleren Schichten, wo der Frühling am kältesten, der Herbst am wärmsten ist. In der oberen Hälfte stimmen Frühling und Winter nahezu überein, während dort die Herbsttemperaturen etwas unter denen des Sommers bleiben.

Aus der Temperaturverteilung folgt, daß das Gleichgewicht

im Winter in der ganzen Atmosphäre stabiler,

im Frühling oben stabiler, unten weniger stabil,

im Sommer in der ganzen Atmosphäre weniger stabil und

im Herbst oben weniger stabil, unten stabiler ist als im Jahresdurchschnitt.

---

[1]) W. v. Bezold, Theoretische Schlußbetrachtungen. Wissenschaftl. Luftfahrten. 3. Bd. S. 304 u. f.

Die rechte Spalte von Tabelle 8 gibt Aufschluß darüber, wie sich der jährliche Temperaturgang mit wachsender Höhe d. i. mit abnehmendem Druck verschiebt. Die Zahlen geben die Verzögerung gegen die Erdoberfläche in Monaten an und sind gefunden, indem für jede Stufe die Eintrittszeiten des ersten und zweiten Nullwertes (Jahresmittels) durch lineare Einschaltung bestimmt und hieraus das Mittel und dann der Unterschied gegen die am Boden geltende Zeit gebildet wurden. Mit der Entfernung von der Erdoberfläche wächst die Verzögerung gegen den Temperaturgang am Boden von einer Druckstufe zur andern erst schneller, dann langsamer; bei 500 mm Druck beträgt sie etwa einen Monat.

Als „Wärmegehalt der Atmosphäre" bezeichnen wir mit W. v. Bezold die Wärmemenge, welche erforderlich ist, um die Luft bei konstantem Druck von einer Anfangstemperatur (t_0) auf die jeweilige Temperatur (t) zu bringen, und beziehen diese Größe auf eine über der Flächeneinheit stehende Luftsäule. Beträgt der Luftdruckunterschied zweier Horizontalflächen 1 mm, so enthält das zwischen ihnen liegende Stück der Luftsäule von 1 cm² Querschnitt 1,36 g Luft. Da die spezifische Wärme der Luft bei konstantem Druck $c_p = 0{,}238$ ist, ergibt sich als Anzahl der Wärmeeinheiten, die zur Erhöhung der Temperatur um einen Grad für jenes Stück der Luftsäule erforderlich ist, $0{,}238 \cdot 1{,}36 = 0{,}324$. Zur Änderung der Temperatur vom Ausgangspunkt t_0 auf t Grad sind demnach $0{,}324\,(t - t_0)$ cal pro qcm nötig. Mit anderen Worten: um den Wärmegehalt einer Luftschicht für die Druckstufe von 1 mm zu finden, multipliziert man die Temperatur mit dem Faktor 0,324, den man als „Wärmekapazität der 1 mm-Druckstufe" bezeichnen könnte. Bei einem Druckunterschied von db mm sind also zur Temperaturerhöhung von t_0 auf t Grad $0{,}324\,(t - t_0)\,db$ Wärmeeinheiten erforderlich. Diese Größe ist für jede Schicht zwischen 0 und 760 mm zu bilden. Die Summe

$$0{,}324 \int_0^{760} (t - t_0)\, db$$

ergibt den Wärmegehalt der ganzen Atmosphäre in cal pro qcm. In Tafel 3 wird diese Summe für jede Jahreszeit durch die Fläche dargestellt, die von der Temperaturkurve, der senkrechten Mittellinie und der horizontalen Grundlinie begrenzt wird. Ein zwischen zwei Kurven eingeschlossener Flächenteil entspricht demnach der Änderung des Wärmegehaltes von einer Jahreszeit zur anderen. Zur Auswertung der Flächen hat man nur die Anzahl der Einheiten, die je einem Druckmillimeter und einem Temperaturgrad entsprechen, mit 0,324 zu multiplizieren. Eine entsprechende Skala ist am unteren Rande der Zeichnung auf Taf. 3 angebracht. Aus der Flächenermittlung oder einer entsprechenden Rechnung auf Grund der Zahlen in Tab. 8 erhält man die nachstehenden Werte.

Tabelle 9.

Wärmegehalt der Atmosphäre.

(Berlin.)

Abweichung vom Jahresmittel cal/cm².

	Winter		Frühling		Sommer		Herbst		Winter
	— 944		— 628		1103		469		— 944
Änderung		316		1731		— 634		— 1413	

Frühling und Herbst, deren Mitteltemperaturen an der Erdoberfläche annähernd gleich sind, zeigen hier abweichendes Verhalten. Der Frühling steht dem Winter, der Herbst dem Sommer am nächsten. Mit Hilfe der Mittel für die Jahreszeiten läßt sich der Wärmegehalt der Atmosphäre durch die Formel

$$1290 \sin (w + 226{,}8^0) + 125 \sin (2\,w + 60^0)$$

darstellen, worin w die Zeit in Gradmaß von Anfang Januar bedeutet und der Koeffizient des zweiten Gliedes möglichst klein gewählt ist. Der Unterschied zwischen dem höchsten und tiefsten Stande des Wärmegehaltes oder der jährliche Wärmeaustausch ergibt sich zu 2620 cal/cm², d. h. es bedarf eine Wärmemenge von 2620 Grammkalorien, um eine Luftsäule von 1 Quadratzentimeter Querschnitt bei konstantem Druck von ihrem tiefsten Temperaturstande im Jahr auf den höchsten zu bringen.

Umgekehrt erhält man aus dem Wärmegehalt durch Division mit $0{,}324 \cdot 760 = 246$ die Mitteltemperatur.

Tabelle 10.

Mitteltemperatur der Atmosphäre.

(Berlin.)

Abweichung vom Jahresdurchschnitt C°.

Winter	Frühling	Sommer	Herbst
— 3,8	— 2,6	4,5	1,9

Die jährliche periodische Schwankung beträgt 10,6°.

Seitliche Strömungen spielen in der leicht beweglichen Luft naturgemäß noch mehr als im Meere eine bedeutende Rolle. Das hindert aber nicht den Wärmegehalt und Wärmeaustausch der Atmosphäre gemäß den obigen Festsetzungen als physikalisch wohl definierte Größen anzusehen. Die Anwendung derartiger Begriffe auf die wirklichen Vorgänge in der Luft ist allerdings mit größeren Schwierigkeiten verknüpft als beim homogenen Erdboden und nur unter vorläufiger Beschränkung auf eine ungefähre Annäherung möglich. Doch ist die konsequente Durchführung einer auf das Energieprinzip gestützten Betrachtung atmosphärischer Erscheinungen zunächst unter Innehaltung einfacher, schematischer Annahmen, dann mit allmählich weitergehender Annäherung an die wirklichen Verhältnisse eine Aufgabe von größter Wichtigkeit.

V. Der Wasserdampfgehalt der Atmosphäre und seine Bedeutung für den Energiehaushalt.

Die Wärme, welche den Gewässern, dem feuchten Erdboden, sowie dem in der Luft schwebenden flüssigen Wasser zugeführt wird, dient nur zum Teil zur Temperaturerhöhung. Ein anderer Teil wird zur Verdampfung von Wasser verbraucht. Umgekehrt wird beim Übergang von Wasserdampt in die flüssige Form wieder Wärme frei. Um die Bedeutung der Verdunstungs- und Kondensationswärme für den jährlichen Energiehaushalt der Atmosphäre zu ermitteln, ist zunächst der Wasserdampfgehalt der Luft in den verschiedenen Jahreszeiten festzustellen. Wir legen wieder die Ergebnisse der Berliner Luftfahrten[1]) zugrunde und schließen sie mittels graphischer Ausgleichung unten an die Normalwerte für Berlin[2]) an. Nach oben hin ergänzen wir die Kurven unter der Annahme, daß bei der Druckstufe von 200 mm der Wasserdampfgehalt zu allen Jahreszeiten verschwindend klein sei. Tab. 11 und Tafel 4 geben für die vier Jahreszeiten die Abweichung der

Tabelle 11.

Verteilung des Wasserdampfes

und der entsprechenden Temperatur in der Atmosphäre.

(Berlin, ausgeglichen.)

Abweichung vom Jahresmittel.

Druck	Spezifische Feuchtigkeit y g/kg				Entsprechende Temperatur $t' = 2{,}5\,y$			
mm	Winter	Frühling	Sommer	Herbst	Winter	Frühling	Sommer	Herbst
250	0,0	0,0	0,0	0,0	— 0,1	— 0,1	0,1	0,1
300	— 0,1	— 0,1	0,1	0,1	— 0,3	— 0,2	0,3	0,2
350	— 0,2	— 0,2	0,2	0,2	— 0,6	— 0,4	0,6	0,4
400	— 0,4	— 0,2	0,4	0,2	— 1,0	— 0,6	1,1	0,5
450	— 0,6	— 0,3	0,6	0,2	— 1,4	— 0,7	1,6	0,5
500	— 0,8	— 0,3	0,9	0,2	— 1,9	— 0,8	2,3	0,4
550	— 1,0	— 0,4	1,2	0,1	— 2,5	— 0,9	3,1	0,3
600	— 1,3	— 0,4	1,7	0,1	— 3,3	— 1,1	4,2	0,2
650	— 1,6	— 0,5	2,0	0,1	— 4,0	— 1,3	5,1	0,2
700	— 1,9	— 0,7	2,4	0,1	— 4,7	— 1,7	6,1	0,3
730	— 2,1	— 0,8	2,7	0,2	— 5,2	— 1,9	6,7	0,4
760	— 2,2	— 0,8	2,9	0,2	— 5,6	— 2,1	7,2	0,5

[1]) Wissenschaftliche Luftfahrten, 3. Bd., 1900. R. Süring. Die Verteilung des Wasserdampfes S. 166.

[2]) V. Kremser. Tabellen zu den klimatischen Verhältnissen des Elbstromgebietes. Berlin 1898. S. 77.

Verteilung des Wasserdampfes
und der entsprechenden Temperatur in der Atmosphäre.

(Berlin)

Abweichung vom Jahresmittel.

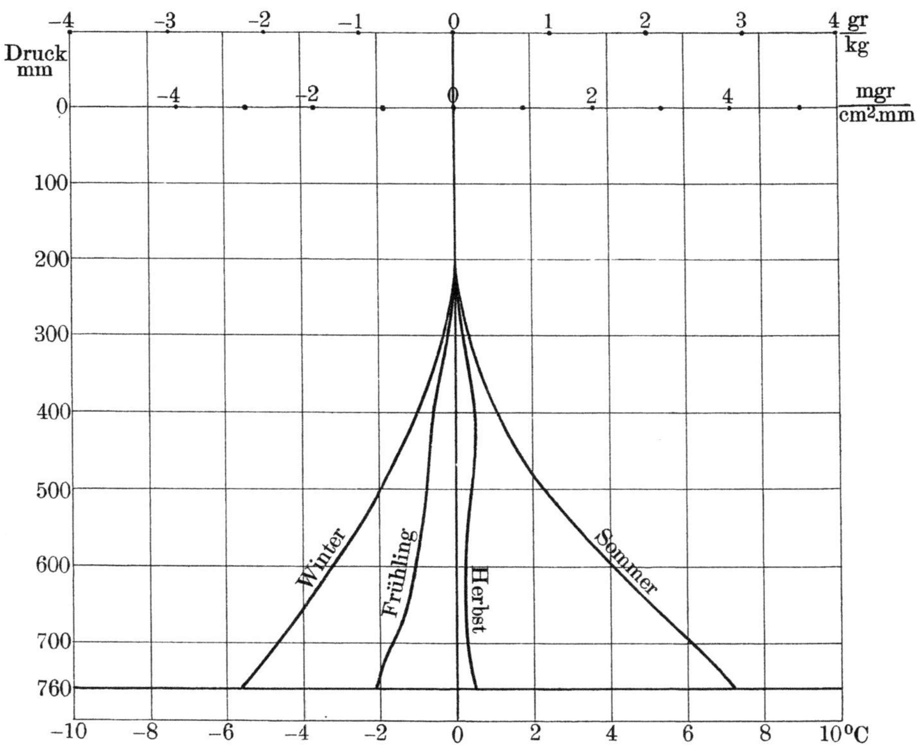

Verlag von Julius Springer in Berlin.

spezifischen Feuchtigkeit vom Jahresmittel nach Druckstufen geordnet an. Die spezifische Feuchtigkeit ist die Menge Wasserdampf in Gramm, die in einem Kilogramm Luft (Gesamtgewicht) enthalten ist. Beträgt der Druckunterschied zweier Horizontalebenen 1 mm, so faßt das zwischen ihnen liegende Stück einer senkrechten Säule von 1 cm^2 Querschnitt 1,36 g Luft. Die hierin enthaltene Menge Wasserdampf ist, wenn y die spezifische Feuchtigkeit bezeichnet, $= 1{,}36 \frac{y}{1000}$ g. Die zwischen zwei Horizontalebenen mit dem Druckunterschied db mm befindliche Wassermenge würde demnach $= 1{,}36 \frac{y}{1000} db$ sein. In Tafel 4 ist daher die von zwei Horizontalebenen, der senkrechten Mittellinie und einer Jahreszeitenkurve begrenzte Fläche der Wassermenge proportional, welche der zwischen beiden Ebenen befindliche Teil der Atmosphäre mehr (rechts) oder weniger (links) enthält als im Jahresdurchschnitt. Die Flächen, welche von einer Kurve, der senkrechten Mittellinie und der horizontalen Grundlinie begrenzt werden, sind ein Maß für die Wassermengen, welche die ganze Atmosphäre im Sommer und Herbst mehr, im Winter und Frühling weniger enthält als im Jahresdurchschnitt. Eine zwischen zwei Kurven liegende Fläche entspricht der Zu- oder Abnahme der gesamten atmosphärischen Feuchtigkeit von einer Jahreszeit zur andern. Durch Auswertung der Flächen oder eine entsprechende Rechnung ergeben sich folgende Abweichungen vom Jahresdurchschnitt.

Tabelle 12.

Wasserdampfgehalt der Atmosphäre.

(Berlin.)

Abweichung vom Jahresmittel g/cm^2.

	Winter		Frühling		Sommer		Herbst		Winter
	— 0,64		— 0,25		0,80		0,09		— 0,64
Änderung		0,39		1,05		— 0,71		— 0,73	

Der Herbst weicht am wenigsten vom Jahresdurchschnitt ab, der Sommer am meisten. Die größte Zunahme zeigt sich vom Frühling zum Sommer, die Abnahme vom Sommer zum Winter verteilt sich gleichmäßig auf die beiden Zwischenzeiten. Der Wassergehalt im Sommer übertrifft den im Winter um 1,44 g/cm^2. Legt man nach W. v. Bezold einen mittleren Wassergehalt von 1,65 g/cm^2 zugrunde, so ergeben sich als Jahreszeitenmittel für

Winter	Frühling	Sommer	Herbst	
1,01	1,40	2,45	1,74	g/cm^2.

Das gesamte dampfförmige Wasser der Atmosphäre würde also in flüssigem Zustande den Boden im Winter 1,0, im Sommer 2,5 cm hoch bedecken. Diese Größen und ihr Unterschied sind auffalleud gering im Vergleich zur jährlichen Niederschlagsmenge, die für das nördliche und mittlere Deutschland 60 cm beträgt. Es erhellt daraus, wie oft das herabfallende Wasser wieder durch seitliche Zuführung und örtliche Verdunstung ersetzt werden muß.

Welche Rolle spielt nun der Wasserdampf und die jährliche Änderung seiner Menge im Energiehaushalt der Atmosphäre? Um uns eine ungefähre Vorstellung von der Größe dieses Einflusses zu verschaffen, gehen wir von der Annahme aus, daß rund 600 cal Wärme zur Verdunstung von einem Gramm Wasser erforderlich sind. Wir haben dann die vorstehenden Zahlen mit 600 zu multiplizieren, um die Wassermengen in Energiewerte umzusetzen. Wenn also der Wasserdampfgehalt vom Winter zum Sommer um 1,44 g pro qcm zunimmt, so entspricht das einer Energiemenge von rund 860 cal pro qcm. Dieser Betrag tritt zu der Energievermehrung, welche mit der Temperaturerhöhung verbunden ist, hinzu. Es fragt sich nun, welche entsprechenden Temperaturänderungen eintreten würden, wenn die solchergestalt im Wasserdampf aufgespeicherten Energiemengen zur Erwärmung oder Abkühlung der Luft bei konstantem Druck verwandt werden. Bezeichnet y die spezifische Feuchtigkeit, d. h. sind y g Wasser in 1 kg Luft enthalten und wird durch Zuführung der zur Verdunstung erforderlichen 600 y cal die Temperatur der Luft bei konstantem Druck um t' Grade erhöht, so gilt die Gleichung

$$1000 \cdot 0{,}238\, t' = 600\, y.$$

Hiernach ist die dem spezifischen Feuchtigkeitsgehalt von y g „entsprechende Temperatur"

$$t' = \frac{0{,}6}{0{,}238}\, y = 2{,}5\, y.$$

Die Vierteljahrsmittel der entsprechenden Temperatur (t') in Abweichungen vom Jahresmittel sind aus Tafel 4 zu entnehmen, wenn man die am unteren Rande der Zeichnung stehende Temperaturskala benutzt. Die Zahlenwerte sind in Tabelle 11 mit der spezifischen Feuchtigkeit zusammengestellt.

Hatte die Luft ursprünglich die Temperatur t, so erreicht sie durch Erwärmung um t' Grade, die Temperatur $t + t'$. Diese „ergänzte Temperatur" $t + t' = t + 2{,}5\, y$ gibt also an, bis zu welchem Grade sich die Luft erwärmt hätte, wenn auch die Dampfwärme zur Temperaturerhöhung bei konstantem Druck verwandt wäre. Mit anderen Worten, $t + t'$ ist die dem gesamten Energiegehalt einer Luftmenge „äquivalente Temperatur". Letztere Bezeichnung rührt von Herrn v. Bezold her, auf dessen Anregung ich diese Frage in die Untersuchung einbezogen habe. Die äquivalente oder ergänzte Temperatur ist in Tabelle 13 und Tafel 5 dargestellt. Ihr Gang ist wie man sieht namentlich in den unteren Schichten erheblich extremer als bei der eigentlichen Temperatur (Taf. 3). Winter und Sommer weichen nach unten zu wesentlich stärker vom Jahresmittel und von einander ab. Unmittelbar am Boden fällt allerdings die Verstärkung

Tabelle 13.

Energieverteilung in der Atmosphäre.

(Berlin, ausgeglichen).

Ergänzte Temperatur $t + 2{,}5\,y$ { t Temperatur. y Spezifische Feuchtigkeit.

Druck mm	Abweichung vom Jahresmittel				Verzögerung in Monaten
	Winter	Frühling	Sommer	Herbst	
50	— 0,9	— 0,9	1,0	0,6	—
100	— 1,5	— 1,6	1,9	1,1	—
150	— 2,1	— 2,3	2,6	1,6	—
200	— 2,7	— 2,8	3,3	2,1	1,0
250	— 3,3	— 3,3	3,9	2,5	1,0
300	— 3,9	— 3,7	4,6	2,8	1,0
350	— 4,5	— 4,1	5,2	3,2	1,0
400	— 5,2	— 4,4	6,0	3,5	0,9
450	— 5,9	— 4,5	6,8	3,4	0,8
500	— 6,7	— 4,3	7,8	3,2	0,7
550	— 7,5	— 4,0	8,9	2,6	0,5
600	— 8,6	— 3,7	10,3	2,0	0,4
650	— 9,6	— 3,5	11,5	1,5	0,3
700	— 10,8	— 3,3	12,8	1,2	0,2
730	— 12,0	— 3,1	13,9	1,0	0,1
760	— 14,2	— 2,8	16,2	0,8	0,0

der jährlichen Schwankung bei der eigentlichen Temperatur mehr in die Augen als bei der ergänzten.

In Wirklichkeit ist der Temperaturgang dadurch ermäßigt, daß bei der Erwärmung ein Teil der zugeführten Energie zur Wasserverdunstung verbraucht wird, während bei der Abkühlung die freiwerdende Kondensationswärme das Sinken der Lufttemperatur verlangsamt.

Wie früher aus der Temperatur der Wärmegehalt der Atmosphäre berechnet wurde, so läßt sich nun aus der ergänzten Temperatur der ergänzte Wassergehalt oder die Gesamtenergie der Atmosphäre einschließlich der Dampfwärme des Wassers finden. Andere Arten der Energie wie etwa die der Bewegung sind hier freilich nicht mit berücksichtigt. Wir betrachten wieder eine senkrechte Luftsäule von 1 cm^2 Horizontalquerschnitt. Der Luftdruck sei unten 1 mm größer als oben. Dann enthält die Säule 1,36 g Luft. Zur Erwärmung bei konstantem Druck von t_0 auf t Grad sind $1{,}36 \cdot 0{,}238\,(t-t_0)$ cal erforderlich. Ist y die spezifische Feuchtigkeit, so beträgt der Gehalt an Wasserdampf $1{,}36 \cdot 0{,}001\,y$ g. Zur Erhöhung der spezifischen Feuchtigkeit von y_0 auf y durch Wasserverdunstung wird eine Wärmemenge von $1{,}36 \cdot 0{,}6\,(y-y_0)$ cal gebraucht. Die zur Temperaturerhöhung und Wasserverdunstung verbrauchte Gesamtwärme beträgt demnach in Grammkalorien:

$$1{,}36 \cdot 0{,}238\,(t-t_0) + 1{,}36 \cdot 0{,}6\,(y-y_0)$$
$$= 1{,}36 \cdot 0{,}238 \left[t-t_0 + \frac{0{,}6}{0{,}238}\,(y-y_0)\right]$$
$$= 0{,}324\,[t-t_0 + 2{,}5\,(y-y_0)], \text{ oder}$$
$$= 0{,}324\,[t+t' - (t_0 + t_0')], \text{ wenn } 2{,}5\,y = t' \text{ und}$$

$2{,}5\,y_0 = t_0'$ gesetzt wird. Dies besagt: Um den Energiegehalt einer Luftsäule für die Druckstufe von 1 mm zu finden, multipliziert man die ergänzte Temperatur mit 0,324 (cal/cm²). Die Verdampfungswärme, welche hierbei zugrunde gelegt wird, ist genau genommen nicht 600, sondern $\frac{0{,}324 \cdot 2{,}5}{1{,}36} = 596$. In dieser Weise ist der Energiegehalt für die einzelnen Druckstufen und durch Summierung für die ganze Atmosphäre berechnet. Die Verteilung auf die verschiedenen Schichten der Atmosphäre erhellt aus Tafel 5, in der wieder die Flächen den Energiemengen proportional sind. Die Summen für die Jahreszeiten und ihre Änderungen bringt

Tabelle 14.

Energiegehalt der Atmosphäre.

unter Einrechnung der Dampfwärme.

(Berlin.)

Abweichung vom Jahresmittel cal/cm².

	Winter		Frühling		Sommer		Herbst		Winter
	— 1327		— 778		1581		524		— 1327
Änderung		549		2359		— 1057		— 1851	

Vergleicht man diese Zahlen mit denen für den einfachen Wärmegehalt in Tabelle 9, so zeigt sich, daß die vier Jahreszeiten im wesentlichen ihren Charakter beibehalten haben. Nur sind die Unterschiede verstärkt. Die obigen Jahreszeitenmittel lassen sich durch die Formel darstellen

$$1770\,\sin\,(w + 230{,}9^{0}) + 200\,\sin\,(2\,w + 60^{0}).$$

Als gesamter jährlicher periodischer Energieumsatz der Atmosphäre einschließlich der Dampfwärme ergibt sich der Wert 3600 cal/cm². Das Verhältnis des einfachen Wärmeumsatzes hierzu ist also

$$2620 : 3600 = 100 : 137.$$

Vergleicht man dagegen die wirkliche Lufttemperatur mit der ergänzten an der Erdoberfläche oder den Wärmegehalt der untersten Luftschicht ohne und mit Dampfwärme für Berlin, so ergibt sich für die jährliche Schwankung das Verhältnis

$$19{,}2 : 33{,}6 = 100 : 175.$$

Der Anteil der Dampfwärme am Energieumsatz erscheint demnach an der Erdoberfläche doppelt so hoch (75 %) wie für den Durchschnitt der ganzen Atmosphäre (37 %).

Energieverteilung
in der
Atmosphäre
(Berlin)

Abweichung vom Jahresmittel.

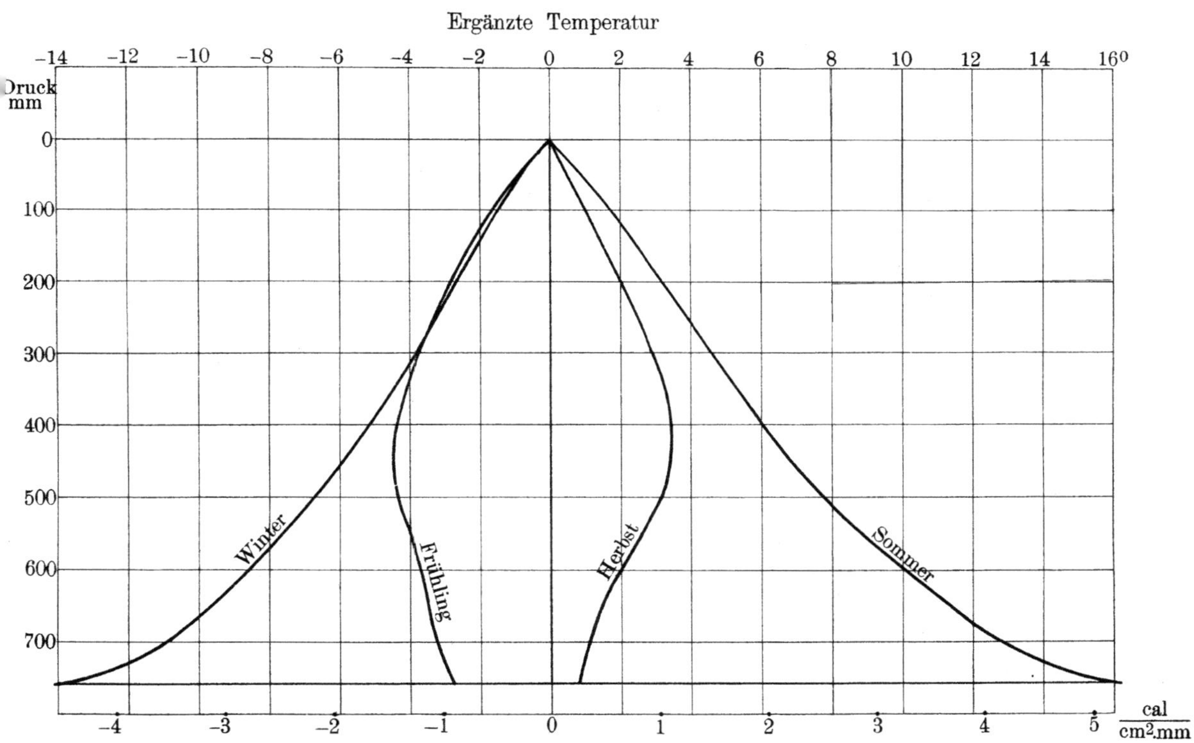

Die Flächen geben den Wärmegehalt der Luft (mit Dampfwärme) an.

Verlag von Julius Springer in Berlin.

Tabelle 15.

Jährlicher Wärmeaustausch.

cal pro qcm.

Land:		
Sandboden mit Kiefernwald. Eberswalde		1290
Sandboden mit Gras. Eberswalde		**1850**
Atmosphäre:		
Ohne Dampfwärme (Berlin)		2620
Mit Dampfwärme (Berlin)		**3600**
Seen und Meere:		
Hintersee. Westpreußen. Durchschnitt 8,5 m		14000
Größte Tiefe 24 „		28000
Bodensee. Bis 15 m		18000
„ 30 „		25000
Genfer See. „ 30 „		29000
„ 60 „		37000
Ost- und Nordsee. Dänische Feuerschiffstationen.		
Schultz' Grund. Kattegat.		
Aus den Temperaturschwankungen berechnet	40500	40400
Aus den Verzögerungen berechnet	40300	
Laesö Rende. Nördl. Kattegat 21 m		24400
Schultz' Grund. Südl. Kattegat 26 „		29700
Anholts Knob. Mittl. Kattegat 28 „		34800
Horns Riff. Nordsee 32 „		40400
Skagens Riff. Skagerak 38 „		42200
Gesamtwert auf größere Tiefe ergänzt		**44000**
Ostsee. Bis 65 m		43500
Meerbusen von Fiume. Bis 43,6 m		41400
Auf größere Tiefe ergänzt		47500

In Tabelle 15 sind die Werte des jährlichen Wärmeumsatzes in den oberen Erdschichten, in der Atmosphäre und in Gewässern zusammengestellt. Die Zahlen für den Boden und die Luft, wie für die Dänischen Stationen und den Meerbusen von Fiume geben die mittlere jährliche periodische Schwankung des Wärmegehaltes an. Den übrigen Werten liegt eine angenäherte Rechnung zugrunde. Für den Bodensee und Genfersee ist die Zunahme des Wärmegehaltes von Januar-Februar bis Juli-August mitgeteilt. Zur Übersicht über die Größenverhältnisse dienen folgende

Relativzahlen:

Wärmeaustausch

im Kiefernwalde (Eberswalde)	0,7
im freien Erdboden (Eberswalde)	1,0
in der Luft (Berlin)	1,4
in der Luft mit Dampfwärme	1,9
im Meer (Dänische Stationen)	24.

Jährlicher Gang des
Wärmegehaltes
im festen Erdboden und im Meer.

Abweichung vom Jahresmittel.

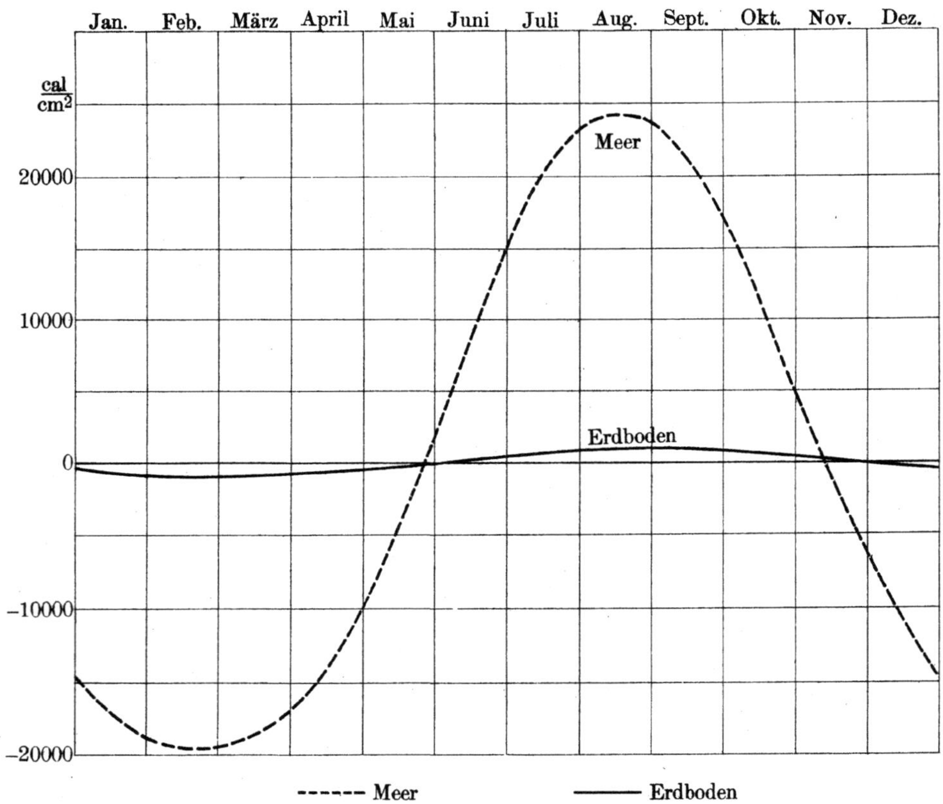

Verlag von Julius Springer in Berlin.

Jährlicher Gang des

Wärmegehaltes

im festen Erdboden und in der Atmosphäre.

Abweichung vom Jahresmittel.

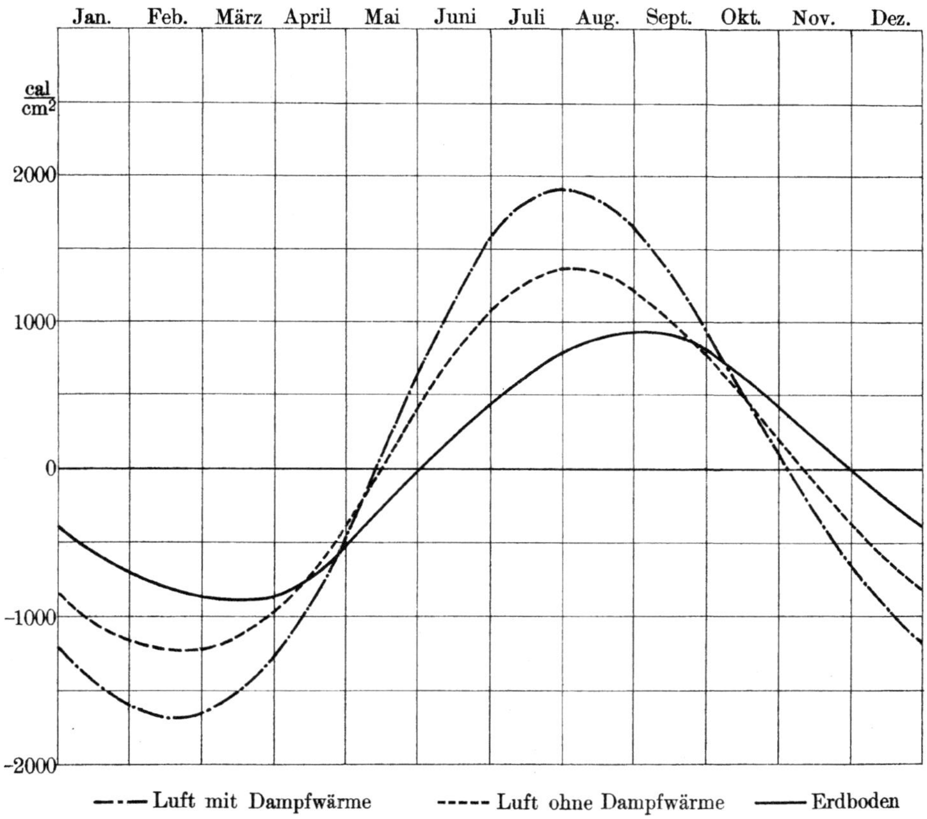

Verlag von Julius Springer in Berlin.

VI. Der jährliche Gang des Wärmegehaltes in Boden, Wasser und Luft.

Wir untersuchen nun den jährlichen Gang des Wärmegehaltes in Boden, Wasser und Luft auf Grund der einzelnen Monatswerte. Diese sind für den Erdboden aus den Beobachtungen der Freistation Eberswalde, für das Wasser aus den Mittelwerten der fünf dänischen Nord- und Ostseestationen berechnet. Da an letzteren die Beobachtungen bis zu verschiedenen Tiefen reichen, wurden zunächst die arithmetischen Mittel der einzelnen Monate für die fünf Orte gebildet, die einen jährlichen Wärmeumsatz von 34300 cal/cm^2 ergeben. Um nun diese Monatswerte mit dem auf größere Tiefen ergänzten Wärmeaustausch von 44000 cal in Einklang zu bringen, wurden sie mit dem Faktor $\frac{44000}{34300} = 1{,}28$ multipliziert. Aus je vier aufeinander folgenden Monatsmitteln wurde der in der Mitte gelegene Wert für den Monatsanfang nach einer früher[1]) abgeleiteten Formel berechnet.

Für den Wärmegehalt der Atmosphäre lagen nur die Vierteljahrsmittel vor, zu deren Darstellung oben Sinusreihen verwandt wurden. Aus diesen sind nun rückwärts die Werte für den Anfang der einzelnen Monate oder besser gesagt, Jahreszwölftel hergeleitet. Diese Werte können natürlich nicht den gleichen Rang beanspruchen, wie die aus regelmäßigen Beobachtungen gefundenen Monatsmittel.

Tabelle 16.

Wärmegehalt.

Monatsanfang. Abweichung vom Jahresmittel.

	Jan.	Febr.	März	April	Mai	Juni	Juli	Aug.	Sept.	Okt.	Nov.	Dez.
Boden	—4,00	—7,00	—8,66	**—8,75**	—5,22	—0,24	4,45	7,90	**9,37**	8,04	4,18	—0,07
Luft ohne Dampfwärme .	—8,3	—11,5	**—12,4**	—9,9	—4,0	3,7	10,5	**13,6**	12,3	7,8	1,9	—3,7
Luft mit Dampfwärme .	—12,0	—15,8	**—16,5**	—12,9	—4,5	6,3	15,5	**19,2**	16,5	9,4	1,1	—6,3
Wasser . . .	—147	—187	**—196**	—171	—101	14	152	233	**239**	175	52	—63

Der Raumersparnis wegen ist hier die Einheit = 100 cal/cm^2 angenommen.

[1]) J. Schubert, Der jährliche Gang der Luft- und Bodentemperatur. Berlin 1900. S. 32.

Die Zahlenreihen der Tabelle 16 sind in Tafel 6 und 7 zur Anschauung gebracht. Das außerordentliche Überwiegen des Wärmeumsatzes im Meer im Vergleich zum Festlande und zur Luft fällt in die Augen.

Zur Untersuchung der zeitlichen Verschiebungen eignen sich die Eintrittszeiten der Jahresmittel, die des Vergleichs wegen in Tabelle 17 noch für einige weitere Größen mitgeteilt sind. Die Angaben gelten wieder für Eberswalde (Boden), Berlin (Temperatur über dem Festlande und Wärmegehalt der Luft) und die Dänischen Stationen. Die Temperatur der unteren Luftschicht[1]) hat mit dem Wärmegehalt, die ergänzte Temperatur mit dem unter Zurechnung der Dampfwärme vervollständigten Energiegehalt der unteren Luftschicht gleiche Eintrittszeiten, da diese Größen sich von jenen nur durch einen konstanten Faktor unterscheiden.

Tabelle 17.

Eintrittszeiten der Jahresmittel und

Verzögerung des jährlichen Ganges

in Monaten.

	Eintrittszeiten		Verzögerung		
	Frühling	Herbst	Frühling	Herbst	Mittel
Temperatur der Erdoberfläche (1 cm tief)	3,59	9,41	0	0	0
Lufttemperatur über dem Festlande	3,64	9,55	0,05	0,14	0,10
Ergänzte Temperatur über dem Festlande	3,90	9,59	0,31	0,18	0,24
Lufttemperatur über dem Meer	4,17	9,69	0,58	0,28	0,43
Temperatur der Meeresoberfläche (70 cm tief)	4,46	10,07	0,87	0,66	0,77
Wärmegehalt der Luft mit Dampfwärme	4,42	10,14	0,83	0,73	0,78
„ „ „ ohne „	4,52	10,33	0,93	0,92	0,93
„ des Wassers	4,88	10,45	1,29	1,04	1,16
„ „ Bodens	5,05	10,98	1,46	1,57	1,52

Der verzögernde Einfluß des Meeres zeigt sich beim Gange der Lufttemperatur der unteren Schicht und noch stärker bei der Oberflächentemperatur.

Der Wärmegehalt des Erdbodens bleibt hinter der Temperatur der Erdoberfläche im jährlichen Gange um ein Achtel der ganzen Periode zurück. Dieser Satz ist von mir schon früher theoretisch abgeleitet und gilt unter Voraussetzung der einfachen Gesetze der Wärmeleitung auch für die tägliche Periode. Der Wärmegehalt der ganzen Atmosphäre (ohne Dampfwärme) zeigt gegenüber der Temperatur oder dem Wärmegehalt der untersten Luftschicht über dem Festlande eine Verspätung von 0,83 Monaten, die sich bei Berücksichtigung der Dampfwärme auf 0,54

[1]) Für Berlin nach V. Kremser. Tabellen zu den klimatischen Verhältnissen des Elbstromgebietes. Berlin 1898. Temperatur auf Außenstation und Seehöhe Null reduziert. 1851—90. S. 43. Dampfdruck 1848—77. S. 77.

Verzögerung
des jährlichen Wärmeganges in der Atmosphäre
mit wachsender Höhe.

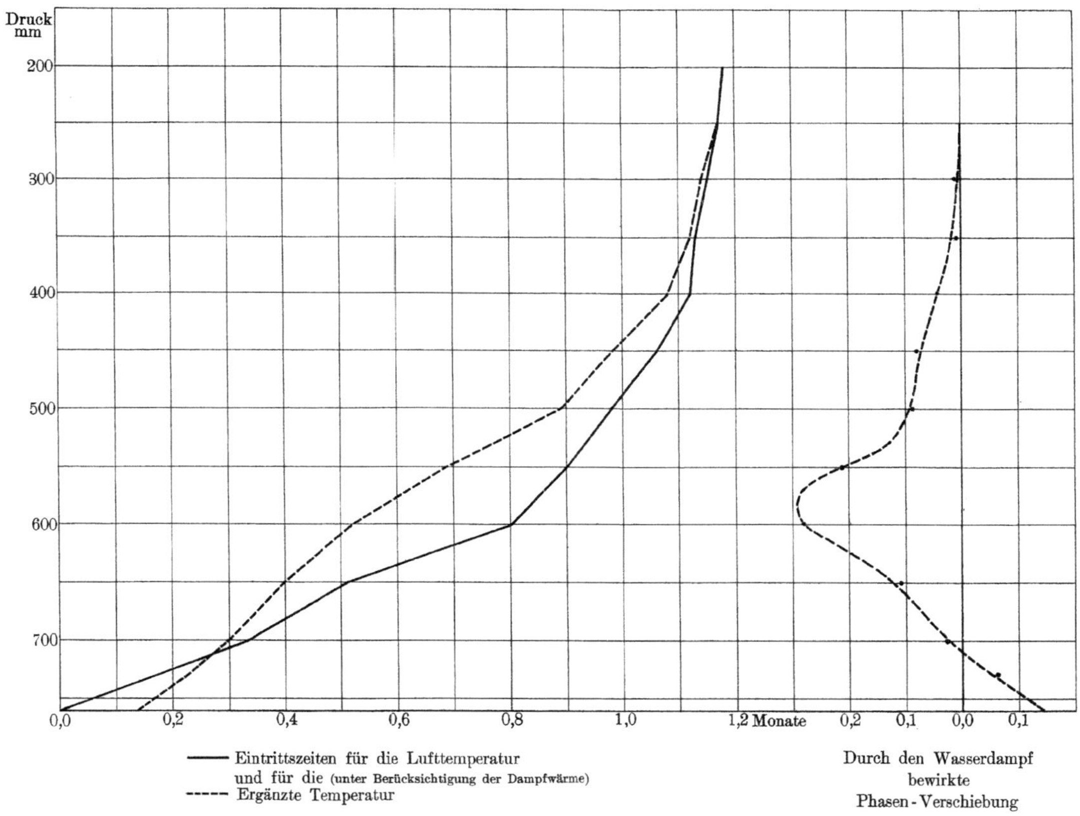

Verlag von Julius Springer in Berlin.

Monate ermäßigt. Am schnellsten, nämlich mit einer Verzögerung von 0,39 Monaten folgt die Meereswärme der allerdings etwas unter der Oberfläche gemessenen Temperatur der Grenzschicht.

Der Wärmegehalt ohne und der mit Berücksichtigung der Dampfwärme zeigen in der untersten Luftschicht zu einander entgegengesetztes Verhalten wie in der ganzen Atmosphäre. Der Wasserdampf übt am Boden eine verzögernde, im ganzen Luftmeer dagegen eine beschleunigende Wirkung aus. Am Boden gehen die Temperaturänderungen infolge von Ein- und Ausstrahlung voran, die hiervon beeinflußten Änderungen des Wasserdampfgehaltes folgen. In der Höhe macht sich die Zu- und Abführung des Wassers überwiegend bemerkbar, indem die Dampfmenge sich schneller, als es dem Temperaturgange entspricht, ändert. Diese Vorgänge werden noch weiter aufgehellt, wenn wir die schon in Tabelle 8 und 13 abgerundet angegebenen nach oben hin eintretenden Phasenverzögerungen an die Eintrittszeiten anbringen, welche nach Tabelle 17 für die Bodenschicht gelten. Wir zählen die Zeit in Monaten vom Eintritt des Jahresmittels der Lufttemperatur an der Erdoberfläche und erhalten so die in Tabelle 18 und Tafel 8 dargestellten Verschiebungen. Wir beachten wieder, daß die Temperatur einer Luftmenge ihrem Wärmegehalt ohne Dampfwärme, die ergänzte Temperatur dem Wärmegehalt mit Zurechnung der Dampfwärme proportional ist, daß also jene Größen mit diesen gleiche Eintrittszeiten haben.

Tabelle 18.

Eintrittszeiten der Jahresmittel

in Monaten.

Druck mm	Temperatur	Ergänzte Temperatur	Unterschied
200	1,18	1,18	0,00
250	1,17	1,17	0,00
300	1,15	1,14	0,01
350	1,13	1,12	0,01
400	1,12	1,08	0,04
450	1,06	0,98	0,08
500	0,98	0,89	0,09
550	0,90	0,69	0,21
600	0,80	0,52	**0,28**
650	0,51	0,40	0,11
700	0,33	0,30	0,03
730	0,17	0,23	— 0,06
760	0	0,14	— 0,14

In den tieferen Schichten bis 710 mm Druck oder 580 m Höhe geht die Temperatur voran, dann übernimmt der Wasserdampf die Führung. Am stärksten ist sein Einfluß bei fast 600 mm Druck oder 2000 m Höhe. Oben tritt, wie es sein muß, wieder ein Ausgleich ein. Es ist bemerkenswert, daß sich ein so regelmäßiger Verlauf des Zeitunterschiedes, der im Höchstfalle nur neun Tage beträgt, aus den Beobachtungen ergibt, und die Kurve der Phasenverschiebung in Tafel 8 gibt ein anschauliches Bild von der Rolle, welche der Wasserdampf beim Ablauf der jährlichen Wärmeänderungen in den verschiedenen Schichten der Atmosphäre spielt.

Die Höhe von 2000 m, in welcher der Einfluß des Wasserdampfes am meisten hervortritt, fällt nach den Wolkenbeobachtungen zu Potsdam in die Region der Cumulusbildung, wie aus folgenden von R. Süring mitgeteilten Zahlen hervorgeht.

Mittlere Wolkenhöhen in km.

	Sommer	Winter
Alto-Cumulus	3,63	3,35
Cumulus (Gipfel)	2,10	1,74
Cumulus	1,88	1,69

VII. Die Änderungen des Wärmegehaltes in Boden, Wasser und Luft. Der Einfluß des Meeres auf das Klima.

Zur weiteren Erläuterung der periodischen Änderungen des Wärmegehaltes in Boden, Luft und Wasser sind in Tabelle 19 die Änderungen während der einzelnen Monate mitgeteilt. Positive Zahlen bedeuten eine Zunahme, negative eine Abnahme. Auch in diesen Zahlenreihen tritt, wie in den früheren, das außerordentliche Überwiegen des Wärmeumsatzes im Wasser und das verschiedene Verhalten der festen und flüssigen Erdoberfläche deutlich zu Tage.

Tabelle 19.

Änderung des Wärmegehaltes

während der einzelnen Monate. Einheit = 100 cal/cm².

	Jan.	Febr.	März	April	Mai	Juni	Juli	Aug.	Sept.	Okt.	Nov.	Dez.
Boden	−3,00	−1,66	−0,09	3,53	**4,98**	4,69	3,45	1,47	−1,33	−3,86	**−4,25**	−3,93
Luft ohne Dampfwärme .	−3,2	−0,9	2,5	5,9	**7,7**	6,8	3,1	−1,3	−4,5	**−5,9**	−5,6	−4,6
Luft mit Dampfwärme .	−3,8	−0,7	3,6	8,4	**10,8**	9,2	3,7	−2,7	−7,1	**−8,3**	−7,4	−5,7
Wasser . . .	−40	−9	25	70	115	**138**	81	6	−64	**−123**	−115	−84

Der feste Boden speichert im Frühling und Sommer wenig Wärme in der Tiefe auf, erhitzt sich stark an der Oberfläche und gibt viel Wärme an die Luft ab. Das Meer speichert viel Wärme in seinen Tiefen auf, erhöht seine Oberflächentemperatur nur wenig und gibt auch entsprechend weniger Wärme an die Luft ab: es wird also im Vergleich zum Festlande im Frühjahr und Sommer auf das Ansteigen der Lufttemperatur eine zurückhaltende Wirkung ausüben. Umgekehrt vermag im Herbst und Winter der feste Boden wenig Wärme aus der Tiefe zu entnehmen, seine Oberfläche und die überlagernde Luft kühlt sich stark ab. Das Wasser dagegen gibt viel Wärme her nnd verzögert so die Abkühlung seiner Oberfläche wie der Luft.

Die größte Wärmeaufnahme findet im Mai oder Juni, die bedeutendste Abgabe im Oktober oder November statt.

Zur leichteren Übersicht dienen folgende

Relativzahlen:

	Wärmeaufnahme:		Wärmeabgabe:	
Boden	im Mai	1,0	im November	1,0
Luft ohne Dampfwärme . .	„ „	1,5	„ Oktober	1,4
„ mit „ . .	„ „	2,2	„ „	2,0
Wasser	„ Juni	28	„ „	29.

Im Laufe des Oktober gibt das Meer 15 mal soviel Wärme ab als die Atmosphäre unter Einrechnung der Dampfwärme und 32 mal soviel als der feste Erdboden.

So stellt sich das Meer als ein Wärmebehälter und Regulator von außerordentlicher Mächtigkeit dar. Sein Wärmehaushalt wird demgemäß auf alle davon abhängenden Vorgänge von entsprechend großem Einfluß sein. Um einen näheren Einblick in diesen Zusammenhang zu gewinnen, sei der jährliche Verlauf einiger klimatischer Erscheinungen zum Vergleich herangezogen.

Wenn das Meer im Herbst so bedeutende Wärmemengen abgibt, so wird ein Teil davon der über dem Meere und den Nachbarländern befindlichen Luft zu gute kommen, sei es durch direkten Temperaturausgleich, sei es durch Verdampfung und durch Freiwerden der Kondensationswärme bei der Niederschlagsbildung.

Da die Verdunstung mangels hinreichender Beobachtungen sich nicht zum Vergleich eignet, untersuchen wir zunächst den Niederschlag. Auf dem Festlande, insbesondere im norddeutschen Flachlande, ist die Niederschlagsmenge im Sommer am größten. Wenn nun die reichliche Hergabe von Wärme und Wasserdampf von seiten des Meeres im Herbst fördernd auf die Niederschlagsbildung einwirkt, so wird sich an der Küste eine Verschiebung der größten Regenhöhe vom Sommer nach dem Herbst hin bemerkbar machen müssen. Die Niederschlagsmengen für die Deutsche Nordseeküste zeigen in der Tat einen entsprechenden jährlichen Gang: ihr Maximum fällt auf den September. In Tabelle 20 sind die Regenmengen für Monate gleicher Dauer nach dem Segelhandbuch der Seewarte für die Nordsee zugleich mit den vom Meere abgegebenen Wärmemengen zusammengestellt. In Tafel 9 wurden die Niederschlags- und Wärmemengen in übereinstimmendem Maßstabe aufgetragen, derart, daß 1 cm Niederschlag oder ein g pro qcm dieselbe Ordinatenlänge hat, wie eine Wärmeabgabe von 600 cal pro qcm. Wie man sieht, sind die im Herbst vom Meer gelieferten Wärmemengen nicht unbeträchtlich größer als es der Niederschlagsmenge für dieselben Zeiträume und gleiche Flächen entspricht. Die vom Meere durch Vermittelung des Wasserdampfes abgegebene Wärme kommt vornehmlich den Schichten der Atmosphäre zu gute, in denen die

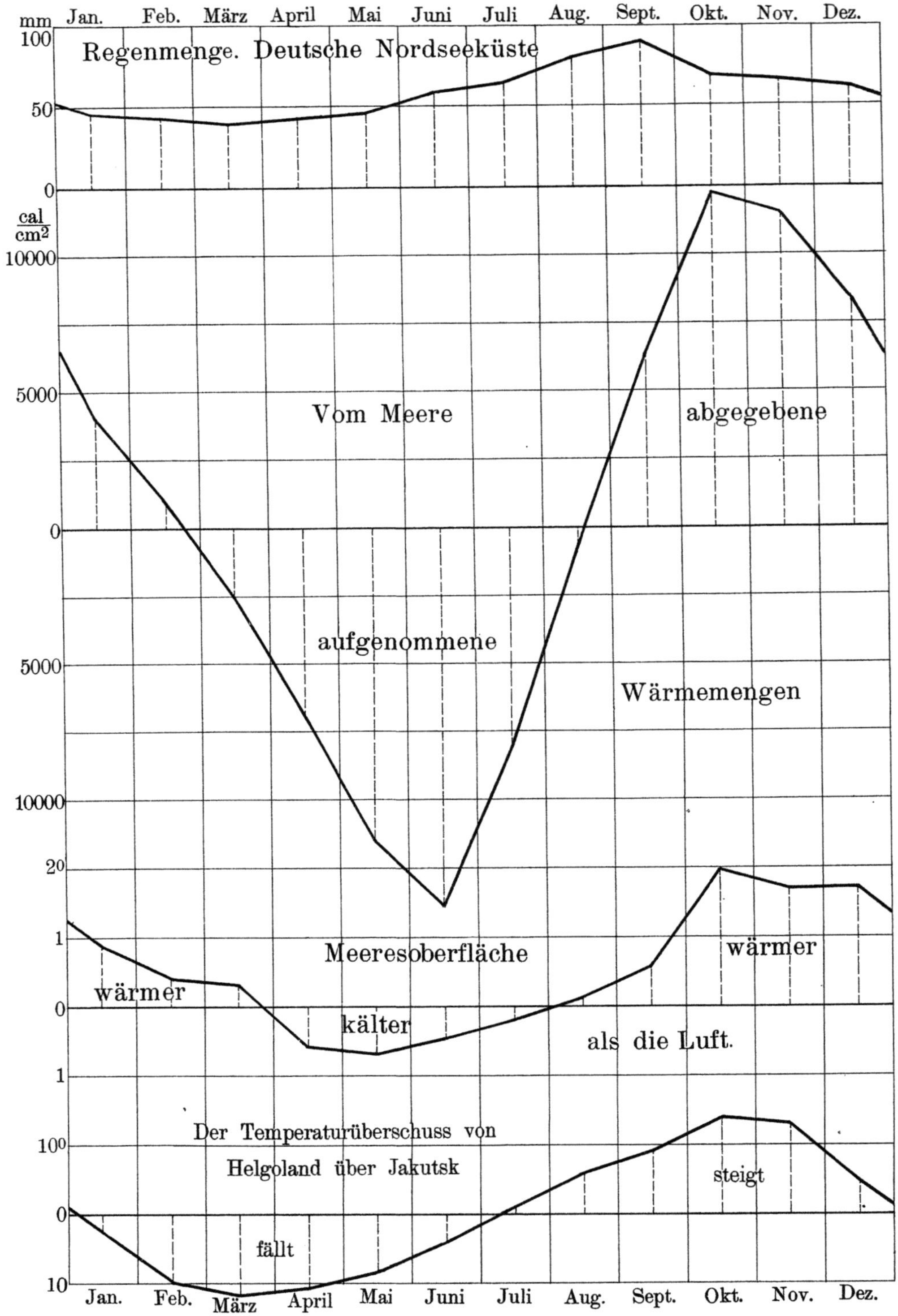

Verlag von Julius Springer in Berlin.

Tabelle 20.

Wärmegehalt des Meeres

und Regenmenge, Temperaturgefälle an der Meeresoberfläche, Unterschied zwischen Land- und Seeklima.

Jan.	Febr.	März	April	Mai	Juni	Juli	Aug.	Sept.	Okt.	Nov.	Dez.
Regenmenge in mm. Deutsche Nordseeküste.											
46	43	39	42	45	58	63	78	**88**	67	64	60
Vom Meere abgegebene Wärmemenge. cal/cm².											
4000	900	— 2500	— 7000	— 11500	— 13800	— 8100	— 600	6400	**12300**	11500	8400
Überschuß der Temperatur der Meeresoberfläche über die Lufttemperatur C°.											
0,9	0,4	0,3	— 0,6	— 0,7	— 0,5	— 0,2	0,1	0,6	**2 0**	1,7	1,7
Zunahme des Temperaturunterschiedes zwischen Helgoland und Jakutsk C°.											
— 2,6	— 10,0	— 11,9	— 10,7	— 8,6	— 4,1	0,8	6,1	9,1	**14,2**	13,1	4,6

stärkste Wolkenbildung stattfindet. Durch vermehrte Wolkenbildung wird aber wiederum die Ausstrahlung und Abkühlung der Erdoberfläche im Herbst und Winter verringert.

Wenn ferner die Meereswärme im Oktober die stärkste Abnahme zeigt, so wird auch die unmittelbare Wärmeübertragung von der Meeresoberfläche an die benachbarte Luftschicht um diese Zeit besonders lebhaft sein müssen. Diese Wärmeabgabe ist wiederum von dem Temperaturgefälle an der Grenze von Meer und Luft abhängig und wird desto größer ausfallen, je mehr die Temperatur der Meeresoberfläche die der auflagernden Luft übersteigt. Umgekehrt wird kälteres Wasser von Luft höherer Temperatur Wärme empfangen. In Tabelle 20 ist an dritter Stelle der Überschuß der Temperatur der Meeresoberfläche über die Lufttemperatur mitgeteilt. Es sind wieder die Beobachtungen der fünf Dänischen Feuerschiffstationen benutzt, an denen die Wassertemperatur in 0,7 m Tiefe gemessen ist. In Tafel 9 ist der jährliche Gang des Temperaturgefälles an der Meeresoberfläche durch eine Kurve dargestellt. Sie ist ein getreues Abbild des Verlaufes der Meereswärme. Von April bis Juli ist die Meeresoberfläche kälter, sonst wärmer als die Luft. Wie die Wärmeabgabe des Meeres ist auch der Temperaturüberschuß der Meeresoberfläche im Oktober und nächstdem in den folgenden beiden Monaten am größten. Im Jahresdurchschnitt ist die oberste Wasserschicht einen halben Grad wärmer als die unterste Luftschicht. Ein Grund hierfür liegt darin, daß erwärmtes Wasser aufsteigend und abgekühlte Luft absteigend das Bestreben haben, sich der Meeresoberfläche zu nähern.

Schließlich sei noch gezeigt, wie der Gang der Lufttemperatur im Seeklima vom Wärmehaushalte des Meeres abhängig ist. Um die Verschiedenheit des ozeanischen und kontinentalen Klimas recht ungetrübt und kräftig hervortreten zu lassen, bilden wir den Temperaturunterschied zwischen der Nordseeinsel Helgoland und der rein kontinentalen Station Jakutsk in Ostsibirien. Helgoland ist nur im Juni und Juli kälter, sonst wärmer. Die jährliche Temperaturschwankung ist auf der Landstation viermal so groß wie auf der Insel. Der Temperaturüberschuß von Helgoland beträgt im Januar 45°, nimmt dann in der ersten Hälfte des Jahres ab, um vom Juli an wieder zu steigen, wie aus der letzten Zahlenreihe der Tabelle 20 und aus Tafel 9 ersichtlich ist. Die größte Zunahme findet auch hier im Oktober und nächstdem im November statt. In diesen Monaten trägt das Meer durch Wärmehergabe am reichlichsten dazu bei, das Sinken der Lufttemperatur zu verlangsamen.

Wenn auch die komplizierte Natur der physikalischen Vorgänge an der Erdoberfläche und in der Atmosphäre nicht gestattet aus dem übereinstimmenden Verlauf zweier Erscheinungen mit vollständiger Sicherheit auf ihren kausalen Zusammenhang zu schließen, so reden doch die vorstehenden Zahlenreihen und deren bildliche Darstellung eine äusserst beredte Sprache, geeignet die hohe Bedeutung zu kennzeichnen, die das Meer und sein Wärmehaushalt für den Ablauf der meteorologischen Vorgänge in den benachbarten Ländern und auf der Erde überhaupt besitzt.

Verzeichnis der Tabellen und Kurventafeln.

GPSR Compliance

The European Union's (EU) General Product Safety Regulation (GPSR) is a set of rules that requires consumer products to be safe and our obligations to ensure this.

If you have any concerns about our products, you can contact us on ProductSafety@springernature.com

In case Publisher is established outside the EU, the EU authorized representative is:

Springer Nature Customer Service Center GmbH
Europaplatz 3
69115 Heidelberg, Germany

Batch number: 10683525

Printed by Printforce, the Netherlands